普通高等院校规划教材

工程地质数值法

李晓军　主　编

中国矿业大学出版社

内容提要

工程地质数值方法是将工程地质学与计算机科学、数学、力学交叉并应用于地质工程、岩土工程、地下工程、水利工程、采矿工程、铁道工程、公路工程、石油工程等诸多学科的专业基础课。

本书涵盖了利用数值方法求解主要工程地质问题的相关内容。全书共七章，第一章介绍了工程地质问题的数值分析方法及实施步骤，数值分析方法包括有限单元法、有限差分法、离散单元法、边界单元法和拉格朗日元法；第二章利用有限单元法分析平面问题，具体介绍了平面三节点问题的理论解与数值解的求解过程；第三章为基于 Suffer 软件的三维地质模型构建过程；第四章利用有限元软件 ANSYS 模拟介绍了隧道开挖施工及支护的过程；第五章利用 ANSYS 软件模拟了双联拱隧道全断面开挖过程；第六章为岩土材料扫描电镜图像二维数值重建与仿真；第七章介绍了工程地质数值法中数据读入和写出的具体思路并给出了范例。

本书理论简明扼要，注重于工程地质数值方法在地质工程及相关领域的发展和应用。满足地质工程及相关专业“工程地质数值法”课程的教学要求，既可作为地质工程或相关专业的本科生教材，也可作为从事地质工程或相关领域科研人员的参考用书。

图书在版编目(CIP)数据

工程地质数值法/李晓军主编. 一徐州：中国矿业大学出版社，2018.9

ISBN 978-7-5646-4071-2

Ⅰ. ①工… Ⅱ. ①李… Ⅲ. ①工程地质—数值计算 Ⅳ. ①P642

中国版本图书馆 CIP 数据核字(2018)第 178874 号

书　　名　工程地质数值法
主　　编　李晓军
责任编辑　黄本斌
出版发行　中国矿业大学出版社有限责任公司
（江苏省徐州市解放南路　邮编 221008）
营销热线　(0516)83885307　83884995
出版服务　(0516)83885763　83884920
网　　址　http://www.cumtp.com　**E-mail**：cumtpvip@cumtp.com
印　　刷　江苏凤凰数码印务有限公司
开　　本　787×1092　1/16　**印张** 10.75　**字数** 268 千字
版次印次　2018 年 9 月第 1 版　2018 年 9 月第 1 次印刷
定　　价　20.00 元

前　言

目前，国内外的仿真分析方面已经出现了许多主流通用的有限元分析软件平台，如ABAQUS、MSC、COMSOL Multiphysics、FLAC、ADINA、ANSYS等，这些软件平台均具有其自身特点和优势。本书主要运用有限元软件ANSYS对部分典型地质工程问题进行模拟分析，可作为广大读者的操作指南和实用参考。本书可作为地质工程或相关专业的本科生教材，也可作为从事地质或相关领域科研人员的参考用书。

全书共分为七章，第一章介绍了工程地质问题的数值分析方法及实施步骤，数值分析方法包括有限单元法、有限差分法、离散单元法、边界单元法和拉格朗日元法；第二章利用有限单元法分析平面问题，具体介绍了平面三节点问题的理论解与数值解的求解过程；第三章为基于Suffer软件的三维地质模型构建过程；第四章利用有限元软件ANSYS模拟介绍了隧道开挖施工及支护的过程；第五章利用ANSYS软件模拟了双联拱隧道全断面开挖过程；第六章为岩土材料扫描电镜图像二维数值重建与仿真；第七章介绍了工程地质数值法中数据读入和写出的具体思路并给出了范例。

本书编写分工如下：第1章由西安科技大学李晓军编写，第2～4章由长安大学博士研究生袁高昂、西安科技大学李晓军编写，第5～7章由西安科技大学李晓军及硕士研究生谢晓婷、史秦源、李昊编写。最后全书由李晓军统稿。

本书在编写过程中，吸收了部分已经毕业及在读硕士研究生科研工作的部分成果，参考了国内外大量相关文献，在此向各位学者致以诚挚谢意。教材编写过程中得到了中国矿业大学出版社的支持，感谢相关编辑对本书的校正，在此表示衷心感谢。

限于作者水平，书中不足之处在所难免，敬请各位读者批评指正。

作　者

2018年6月

目　　录

第一章　概　　论

工程地质学是一门应用地质学的原理为工程应用服务的学科，主要研究内容涉及地质灾害、岩石与第四纪沉积物、岩体稳定性、地震等。工程地质学广泛应用于工程规划、勘察、设计、施工与维护等各个阶段。工程地质是调查、研究、解决与人类活动及各类工程建筑有关的地质问题的科学。

工程地质研究的主要内容有：确定岩土组分、组织结构（微观结构）、物理、化学与力学性质（特别是强度及应变）及其对建筑工程稳定性的影响，进行岩土工程地质分类，提出改良岩土的建筑性能的方法；研究由于人类工程活动的影响而破坏的自然环境的平衡，以及自然发生的崩塌、滑坡、泥石流及地震等物理地质作用对工程建筑的危害及其预测、评价和防治措施；研究解决各类工程建筑中的地基稳定性，如边坡、路基、坝基、桥墩、硐室，以及黄土的湿陷、岩石的裂隙破坏等，制定一套科学的勘察程序、方法和手段，直接为各类工程的设计、施工提供地质依据；研究建筑场区地下水运动规律及其对工程建筑的影响，制订必要的利用和防护方案；研究区域工程地质条件的特征，预报人类工程活动对其影响而产生的变化，作出区域稳定性评价，进行工程地质分区和编图。随着工程建设大规模的发展，其研究领域日益扩大。除了岩土学和工程动力地质学、专门工程地质学和区域工程地质学外，一些新的分支学科正在逐渐形成，如矿山工程地质学、海洋工程地质学、城市工程地质及环境工程地质学、工程地震学等。

工程地质研究的目的是为了查明各类工程场区的地质条件，对场区及其有关的各种地质问题进行综合评价，分析、预测在工程建筑作用下，地质条件可能出现的变化和作用，选择最优场地，并提出解决不良地质问题的工程措施，为保证工程的合理设计、顺利施工及正常使用提供可靠的科学依据。

工程地质学的应用性很强，各种工程的规划、设计、施工和运行都要做工程地质研究，才能使工程与地质相互协调，既保证工程的安全可靠、经济合理、正常运行，又保证地质环境不因工程建设而恶化，造成对工程本身或地质环境的危害。

第一节　工程地质问题

工程地质问题是指与人类工程活动有关的地质问题。它影响建筑物建设的技术可能性、经济合理性和安全可靠性。如建筑物所处地质环境的区域构造稳定问题、地基岩体稳定问题、地下洞室围岩稳定问题和边坡岩体稳定问题、水库渗漏问题、淤积问题、浸没问题、边岸再造及坝下游冲刷问题，以及与上述问题相联系的建筑场地的规划、设计和施工条件等方面的问题。工程地质工作的基本任务在于对人类工程活动可能遇到或引起的各种工程地质问题作出预测和确切评价，从地质方面保证工程建设的技术可行性、经济合理性和安全可靠性。

工程地质问题是指已有的工程地质条件在工程建筑和运行期间会产生一些新的变化和发展，构成威胁影响工程建筑安全的地质问题。由于工程地质条件复杂多变，不同类型的工程对工程地质条件的要求又不尽相同，所以工程地质问题是多种多样的。就岩土工程而言，主要的工程地质问题包括以下几个方面。

一、洞室围岩稳定性

地下洞室开挖之前，岩体处于一定的应力平衡状态，开挖使洞室周围岩体发生卸荷回弹和应力重新分布。如果围岩足够坚固，不会因卸荷回弹和应力状态的变化而发生显著变形和破坏，开挖出的洞室就将是稳定的。相反，如果围岩适应不了回弹应力和重分布应力的作用，随着时间的推移，开挖出的洞室就会逐渐丧失其稳定性。此时，如果不加固或加固而未保证质量，都会引起破坏事故，对地下洞室的施工和运营造成危害。在国内外地下建筑史中，由于围岩失稳而造成的事故是屡见不鲜的。此外，由于对围岩应力估计过高或对岩体强度估计不足，也常使地下洞室的设计过于保守，提高工程造价，造成不必要的浪费。可见，为了保证地下建筑既安全又经济，工程地质工作者必须了解和掌握有关围岩应力重分布、围岩变形破坏机制以及分析和评价围岩稳定性的基本原理，以便能够在工程地质勘查过程中，为正确解决地下建筑的设计和施工中的各类问题提供充分而可靠的地质依据。一般在工程建设规划和选址时要进行区域稳定性评价，研究地质体在地质历史中受力状况和变形过程，研究岩体结构特性，预测岩体变形破坏规律，进行岩体稳定性评价以及考虑建筑物和岩体结构的相互作用。这些都是防止工程失误和事故，保证洞室围岩稳定所必需的工作。

二、地基稳定性

任何工业与民用建筑物的承力结构系统都是由上部结构、基础结构和地基三部分组成的。上部结构是工程的主体，是根据使用的要求设计的，它本身要能承受自己的重力及外加荷载(包括动力荷载)，并通过基础结构将这些荷载安全地传递给地基。地基是工程的支承体，接受由基础传递来的全部荷载，在保证地基本身不破坏的同时，要求地基的变形或沉降不致危及上部结构的安全与使用。然而，地基本身又是地质体，从属于建设地点自然环境条件下的表层地质构成。建设场地可能选定在大地上人类能够生存的任何地方，如山陵地带、平原地带、滨海地带、沼泽地带或冻土地带等，因此其地表地质的构成是千变万化的，地基也可能是岩体，但更广泛的是土体。它们的工程地质性质很不相同，对建筑工程的支承能力也有很大差别。因此，研究各类工程地基的可能性、适宜性和稳定性是一门十分重要的学科。地基失去稳定就意味着工程的破坏。地基的主要问题在于弄清地基的工程地质特性，由此选择最经济合理的基础方案，使得上部结构的荷载能合理地分布在地基中，也使得地基能稳妥地支承上部工程结构。

三、斜坡稳定性

自然界的天然斜坡是经受长期地表地质作用达到相对协调平衡的产物，人类工程活动尤其是道路工程需开挖和填筑人工边坡(路堑、路堤、堤坝、基坑等)，斜坡稳定对防止地质灾害发生及保证地基稳定十分重要。斜坡稳定问题工程地质分析包含了两个相互联系的基本任务：一方面要对与人类工程活动有关的天然斜坡或已建成的人工边坡的稳定状况、演化趋势及成灾可能性作出评价和预测；另一方面为设计合理的边坡及制定有效的整治措施提供依据。斜坡的失稳和成灾总是与它的变形破坏相联系，因而要对斜坡稳定性作出确切的评价和预测，必须阐明斜坡是否具有发生危害性变形与破坏的可能，以及变形破坏的方式和规模。要设计一个稳定而又经济合理的边坡，也应以保证边坡在使用运营期间不发生危害性变形和破坏为基本准则。所以斜坡稳定问题的工程地质分析，都要从研究斜坡变形和破坏的规律入手。

四、区域稳定性

区域稳定性首先要研究工程建设地区的地壳稳定性；其次研究以内动力为主引起的区域地壳稳定问题；最后还应强调研究自然外动力和人为活动引起的区域地壳稳定性问题，如外力引起的物理地质作用，人为引起的水库诱发地震、抽取地下水和开发地下矿产引起的大面积地面沉降与塌陷等。对于大型水电工程、地下工程以及建筑群密布的城市地区，区域稳定性问题应是首要论证的问题。

第二节 工程地质数值分析方法

近年来，随着电子计算机的广泛使用，解决工程地质问题的数值分析方法有了突飞猛进的发展，工程地质数值方法的不断成熟和完善，得以解决的工程地质问题更加广泛，研究的课题更加深入。一方面，飞速发展的工程地质学不断地提出新的难题，用现成的数学力学理论对其无法作出确切的描述，工程地质数值方法为解决这类问题提供了可能的手段；另一方面，各种数值方法的不断成功应用，深化了人们对许多工程地质现象的理解，并有力地推动了工程地质学科的定量化进程。

长期以来，工程地质学被当作为经验的学科，对大多数复杂工程地质问题只能作出定性的分析。现代工程建设的规模越来越大，场地条件也越来越复杂，因而产生的工程地质问题也越来越复杂。对这些问题进行分析评价时，采用传统的解析法求解偏微分方程是不可能的，因而数值分析方法得到了广泛的应用。

数值方法的突出优点是能够较好地考虑诸如介质的各向异性、非均质特性及其随时间的变化、复杂边界条件和介质不连续性等复杂地质条件。高速电子计算机的广泛使用，解决了冗繁的数值运算问题，因而数值方法日益广泛地应用在工程地质问题分析的各个方面。

在工程地质问题分析中，最常用的数值方法包括有限单元法、离散单元法和边界单元法，此外，除较早的有限差分法外，新近还发展了半解析元法和无界元法。这些数值方法都有各自的长处和短处及适用条件，不能笼统地说哪种方法更好，应当根据具体工程地质问题的特点及其边界条件加以选用。

有限差分法是最早出现的数值解法，在计算机出现以前就有了，它至今在解决一些工程地质问题中仍然有效。有限单元法从 20 世纪 50 年代开始盛行，现已非常成熟，应用领域较广泛。边界单元法是 20 世纪 70 年代兴起的一种数值方法，由于它有降维作用，且计算精度高，对于解决无限域或半无限域问题尤为理想，所以也很适用于岩(土)体工程地质问题分析。半解析元法的基本思想是张佑启(Y. K. Cheung)在 1968 年提出来的，即有限条法，它是数理方程的解析方法与数值方法相结合的求解方法，借用部分解析解以减少纯数值方法的计算工作量，适用于解决高维、无限域及动力场问题。离散单元法最早是康德(Cundall)在1971年提出来的，之后发展极快，是一种很有发展前途的数值方法。无界元法是为了解决有限元法所遇到的“计算范围和边界条件不易确定”而提出来的，是解决岩石力学问题的另一类有效方法。

为了解决复杂的工程地质问题，对各种数值分析方法要扬长避短，集中各种数值方法的优点，近年来数值方法的耦合分析有了长足的进步。如有限单元法与边界单元法耦合、有限单元法与离散单元法耦合及边界单元法与离散单元法耦合等都有了不少应用，解决了不少复杂条件的数值模拟问题。

一般而言，数值方法可分为区域型和边界型两大类：区域型数值方法主要包括有限单元法、有限差分法和离散单元法等；边界型数值方法主要是边界单元法。

采用有限差分法时，将所考虑的区域分割成网格，用差分近似代替微分，把微分方程变换成差分方程。也就是通过数学上的近似，把求解微分方程的问题变换成求解关于节点未知量的代数方程组的问题。

采用有限单元法时，将所考虑的区域分割成有限大小的小区域(单元)，这些单元仅在有限个节点上相连接。根据变分原理把微分方程变换成变分方程。它是通过物理上的近似，把求解微分方程问题变换成求解关于节点未知量的代数方程组的问题。

离散单元法与有限单元法类似，它假定单元块体是刚体，块体单元通过角和边相接触，其力学行为由物理方程和运动方程控制。与有限单元法不同的是，它可以允许单元间相互脱离，单元可以产生较大的非弹性变形。因此，离散单元法更适用于断裂控制的岩体稳定问题。

采用边界单元法时，根据积分定理，将区域内的微分方程变换成边界上的积分方程。然后将边界分割成有限大小的边界单元，把边界积分方程离散成代数方程。同样把求解微分方程变换成求解边界节点未知量的代数方程组，然后由边界节点上的值求出区域内任一点的函数值。

近年来，计算机系统的迅速发展使得计算成本日益降低，各种系统软件得到了快速的发展和应用，大大地促进了数值计算方法在工程地质中的应用。目前，常用的比较成熟且应用较广泛的计算软件列于表1-1。

表1-1　　常用的岩土工程计算软件列表

方法	缩写	代表软件
有限单元法 Finite Element Method	FEM	ANSYS MIDAS/GTS ABAQUS
有限差分法 Finite Difference Method	FDM	GMS WHI Visual Modflow
离散单元法 Discrete Element Method	DEM	UDEC 3DEC

续表 1-1

方法	缩写	代表软件
边界单元法 Boundary Element Method	BEM	Phase
拉格朗日元法 Fast Lagrangian Analysis of Continua	FLAC	FLAC2D FLAC3D FLAC/Slope

第三节 工程地质数值方法的应用与实施步骤

一、工程地质数值方法的应用范围

1. 工程地质现象机制的研究

工程地质数值模拟对于分析工程动力地质现象的机制具有特殊的意义。过去通过工程地质定性研究,揭示了工程岩(土)体的许多机制问题,但对于一些特殊的机制问题爱莫能助。数值方法可以从新的角度对许多以前一直不能很好解释的问题作出分析,并揭示出许多新的规律,从而为工程地质问题的分析提供了一种新的手段。近年来,工程地质实践已经在这方面积累了越来越多的经验。

数值方法对工程地质现象与过程的模拟,主要是根据岩(土)体现有的变形破坏特征或发展阶段,在建立工程地质或岩体力学模型的基础上,再现工程岩(土)体过去的变形破坏发展演化历史,从而从整体上分析岩(土)体变形破坏内部作用过程及其全过程演化机制。一般讲,这种数值模拟的意义并不在于具体数值的"准确性",而在于对规律的探索。

2. 工程区岩体应力边界条件或区域构造应力的反演

通过实测获得某些点的应力值资料,推测一定范围内应力场的状况是工程地质研究中的一个很重要的内容,是工程岩体稳定性分析必不可少的资料。通过应力的反演,不仅可得到工程区地应力场的总体认识,而且可以获得工程岩体应力边界条件。

3. 工程岩(土)体位移场和应力场的模拟

在已知工程区岩土体边界条件和外荷载的情况下,通过数值分析方法可以得到位移场和应力场分布的细节及其与外界条件的关系,这是数值方法的基本功能。此外,还可以计算应力场间接参数(如应力强度因子、断裂扩展力等)的空间分布特征。

4. 岩(土)体稳定性模拟

通过对岩(土)体变形破坏规律的模拟,可以分析其变形破坏的过程,评价其稳定性性状,并预测其未来变化。具体而言,可以解决两类问题:一是在已知边界条件和地质模型条件下的模拟再现,即通过模拟再现过去的发展历史,从而评价工程岩(土)体的稳定性现状,并在此基础上,通过对模型的时间延伸,预测其稳定性未来发展变化的趋势或失稳破坏方式;二是在边界条件及主导因素尚不甚清楚的条件下的模拟验证,即以不同的边界条件和主导因素建立力学模型,进行数值模拟,确定出对地质体变形破坏现状特征或演化阶段拟合的最好模型,从而确定岩体变形破坏的边界条件和主导因素,进而评价其稳定性。

工程地质数值模拟不是一个简单的“运算”过程，而是包含着从野外工程地质调查到室内试验研究、地质力学模型抽取、计算模拟和野外验证的全过程，它的可靠性和准确性在很大程度上取决于对地质原型认识的正确性。

二、工程地质数值模拟的工作步骤和研究内容

1. 工程地质条件的调研

工程地质条件的查明是工程地质工作也是数值分析的基础和前提。对于工程地质条件的调研，不仅限于地面测绘，野外坑槽探、钻探、物探、试验和长期观测也是常用的手段。各具体的工程地质问题所侧重的调研内容不尽相同，如对区域稳定性问题，着重研究的是地壳现代应力场特征、断裂的现代活动与地震以及与此相关的水文地质条件等。值得注意的是：岩土体物理力学参数的测试，与地质体本构关系相关的地质条件的查明是本阶段不可忽视的工作。

2. 地质模型的抽取

地质模型是在工程地质条件综合分析的基础上，对工程地质体的概括或简化，也就是通常所说的定性研究结论的归纳，故也可称为“概念模型”。如对水库诱发地震控制性断裂的认识、地质边界条件、水文地质条件的组合特征、断层危险性分区分带及可能震中的判断等，即可看作为水库诱发地震的地质模型。应当看到，这种对地质体的认识必须是全面的、总体的，否则只能看作为模型的某一片断。可以认为，工程地质工作的主要任务就是在查明工程地质条件的基础上，论证地质模型，解决工程地质问题。

3. 力学模型的建立

在地质模型的基础上，通过合理的抽象、简化和概括，便可建立工程地质数值分析的力学模型。力学模型是直接用作数值计算的，因此它必须突出控制工程地质问题的主导因素，既能准确地反映地质体的客观实际，同时又具有力学分析的可能性和计算机条件保障的可行性。与力学模型建立直接相关的几个问题包括：① 具有相对独立的力学结构范围的选取；② 地质体条件（包括诸如断裂的选取）的确定；③ 计算边界条件（位移边界条件、应力边界条件和混合边界条件）的选用等。

4. 数值计算结果的检验

数值计算应当满足一定的精度和可靠度。除通过适当的数学手段可进行检验外，最根本的方法是将计算结果与实际工程地质条件对比。有时需要进行必要的理论分析和模型试验。检验时如果只挑选少数的数据核对，可能由于机会上的巧合，结论仍是错误的。只有针对具体的问题，采用整套的数据，才能取得真正符合实际的检验效果。如果数值计算结果存在较大的误差，应当着手改善输入数据，修改力学模型和数值计算方法，有时需要对计算模型进行调整。

第二章　平面问题的有限单元法

实际工程问题，在进行适当简化后，可看成平面问题。平面问题比较简单，容易理解。因此，本章以平面问题为研究对象，阐明有限单元法的基本概念、理论和求解的一般步骤。

有限单元法，是一种有效解决数学问题的解题方法。其基础是变分原理和加权余量法，其基本求解思想是把计算域划分为有限个互不重叠的单元，在每个单元内，选择一些合适的节点作为求解函数的插值点，将微分方程中的变量改写成由各变量或其导数的节点值与所选用的插值函数组成的线性表达式，借助于变分原理或加权余量法，将微分方程离散求解。

第一节　平面问题简介

严格地说，任何实际问题都是空间问题，应该考虑所有的应力、应变和位移分量。但是，如果所研究的结构或构件具有特殊的几何形状，承受某种特殊的外力和几何约束，就可以对其进行简化。在平面问题中，忽略一些应力或应变分量，其余的则只是坐标 x、y 的函数。这样，可以使分析计算工作量大为减少。根据弹性体的几何形状和受力状态，平面问题包括平面应变问题和平面应力问题。

一、平面应力问题

属于平面应力问题的弹性体，其几何形状是等厚度薄板，受到平行于板面且沿板厚 t 均匀分布的外力作用，前、后板面为自由表面。研究这种薄板时，坐标面 xoy 总是取在平分板厚的中间面内，z 轴垂直于板面，如图 2-1(a)所示。

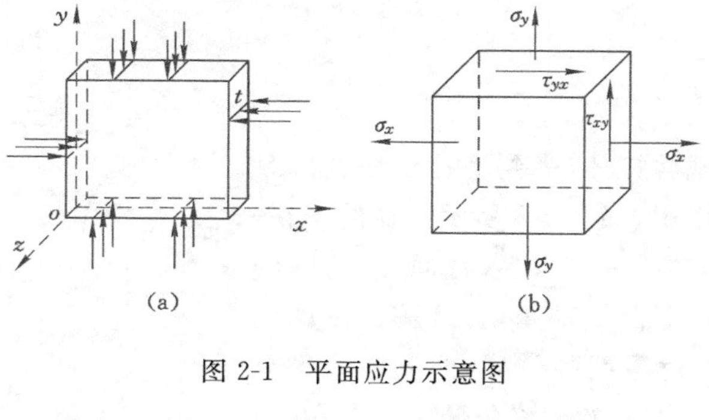

图 2-1　平面应力示意图

由于板面是自由表面，故在 $z=\pm t/2$ 的前、后表面处，有 $\sigma_z=\tau_{zy}=\tau_{zx}=0$。又由于板很薄，外力不沿厚度 t 变化，因此可认为板内所有各点处都有 $\sigma_z=\tau_{zy}=\tau_{yz}=\tau_{zx}=\tau_{xz}=0$。

在板内垂直于 x 轴和 y 轴的平面上，只剩下平行于 xoy 平面的三个应力分量，σ_x，σ_y，$\tau_{xy}=\tau_{yx}$，板内的点处于图 2-1(b)所示的平面应力状态。而且，这三个应力分量沿板厚 t 不变，即与点的 z 坐标无关，只是坐标 x、y 的函数。

平面应力问题的应力列阵简化为：

$$\{\sigma\}=[\sigma_x \quad \sigma_y \quad \tau_{xy}]^{\mathrm{T}} \tag{2-1}$$

由 $\sigma_z=\tau_{zy}=\tau_{zx}=0$ 可得：$\gamma_{zy}=\gamma_{zx}=0$。

$\varepsilon_z=-\mu(\sigma_x+\sigma_y)/E\neq 0$，它不是独立的，取决于 σ_x 和 σ_y。

平面应力问题中所考虑的应变分量只有 ε_x、ε_y 和 γ_{xy}，它的应变列阵简化为：

$$\{\varepsilon\}=[\varepsilon_x \quad \varepsilon_y \quad \gamma_{xy}]^{\mathrm{T}} \tag{2-2}$$

从而可以解得用应变分量表达应力分量的物理方程为：

$$[\sigma]=[D]\{\varepsilon\} \tag{2-3}$$

平面应力问题的弹性矩阵 $[D]$ 为：

$$[D]=\frac{E}{1-\mu^2}\begin{bmatrix}1 & \mu & 0\\ \mu & 1 & 0\\ 0 & 0 & \dfrac{1-\mu}{2}\end{bmatrix} \tag{2-4}$$

几何方程简化为：

$$\{\varepsilon\}=\begin{Bmatrix}\varepsilon_x\\ \varepsilon_y\\ \gamma_{xy}\end{Bmatrix}=\begin{Bmatrix}\dfrac{\partial u}{\partial x}\\ \dfrac{\partial u}{\partial y}\\ \dfrac{\partial u}{\partial x}+\dfrac{\partial u}{\partial y}\end{Bmatrix} \tag{2-5}$$

归纳起来，平面应力问题的特点是：物体沿某一坐标方向（如 z 方向）的尺寸远小于其他两个坐标方向的尺寸；外力沿周边作用且与 xoy 平面平行，且体积力也垂直于 z 轴；由于物体在 z 方向厚度很小，故外载的表面力和体积力都可看成是沿 z 方向不变化的。约束条件在 xoy 平面内。在这种情况下，所有应力都发生在 xoy 平面内，沿 z 方向无应力，即 $\sigma_z=0$。故平面应力状态的应力分量为 σ_x、σ_y、τ_x 和 τ_y，且都是 x、y 的函数。

在工程实际中，许多机械零件都可作为平面应力问题处理。例如，发动机连杆、直齿圆柱齿轮、平面凸轮等。

二、平面应变问题

设想有无限长的截面柱体，受到平行于横截面且不沿轴线变化的外力作用，如图 2-2 所示。显然，任一横截面的情况都相同，都是一个对称面，所以柱内的应力、应变、位移分量都不沿 z 轴变化，只是 x、y 的函数；而且不存在垂直于对称面的位移，即 $w=0$，每个横截面内只有沿 x 和 y 方向的位移分量 u、v 存在，因而这种问题称为平面位移问题。

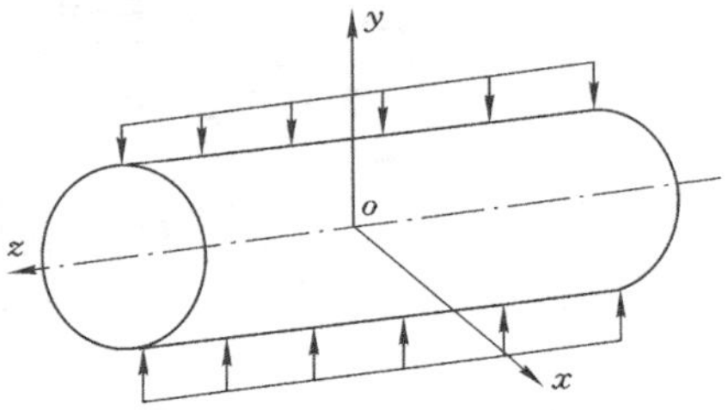

图 2-2　平面应变示意图

根据上述位移的特点，由几何方程可知：$\varepsilon_z=\gamma_{zy}=\gamma_{zx}=0$。因而在 6 个应变分量中，只剩下平行于 xoy 平面的 3 个应变分量 ε_x、ε_y 和 γ_{xy}，故称为平面应变问题。

在物理方程中，由 $\gamma_{zy}=\gamma_{zx}=0$，可知 $\tau_{zy}=\tau_{zx}=0$。

由 $\varepsilon_z=0$，可知 $\sigma_z=\mu(\sigma_x+\sigma_y)\neq 0$，但不是独立的。

柱体内任一点的应力状态已不是平面应力状态了，但仍然只需考虑平行于 xoy 平面的三个应力分量 σ_x、σ_y、τ_{xy} 和三个应变分量 ε_x、ε_y、γ_{xy}。

由应变分量可得应力分量的物理方程为：

$$[\sigma]=[D]\{\varepsilon\}$$

其中，平面应变问题的弹性矩阵为：

$$[D]=\frac{E}{(1-2\mu)(1+\mu)}\begin{bmatrix}1-\mu & \mu & 0\\ \mu & 1-\mu & 0\\ 0 & 0 & \frac{1-2\mu}{2}\end{bmatrix} \tag{2-7}$$

对比平面应力的弹性矩阵和平面应变的弹性矩阵可知，只需把平面应力问题的弹性矩阵中的 E 换成 $E/(1-\mu^2)$，把 μ 换成 $\mu/(1-\mu)$，就可得出平面应变问题的弹性矩阵。

归纳平面应变问题的特点：物体沿某一坐标方向（如 z 方向）的尺寸远大于沿其他两个坐标轴的尺寸；垂直于 z 轴各截面的形状和尺寸均相同；所有外力与 z 轴垂直，且不随 z 坐标变化；物体的约束条件不随 z 坐标而改变。在这种情况下，物体远离两端的各截面，可认为没有沿 z 方向位移，而沿 x 和 y 方向的位移对各截面均相同，与 z 坐标无关，各截面内将产生平面应变。z 方向的应变 $\varepsilon_z=0$，三维应力状态下，只包含有 σ_x，σ_y，τ_{xy}，$\sigma_z=\mu(\sigma_x+\sigma_y)$，$\tau_{yz}=\tau_{xz}=0$，而且应力分量均为 x、y 的函数。

上述两种平面状态的平衡方程、几何方程、边界条件和变形连续方程都是相同的，唯有物理方程有差别。如果把平面应力问题中的 E 换成 $E/(1-\mu^2)$，把 μ 换成 $\mu/(1-\mu)$，则两种问题的求解就相同了。

第二节　有限单元法的基本原理

在有限单元法中，把计算域离散剖分为有限个互不重叠且相互连接的单元，在每个单元内选择基函数，用单元基函数的线形组合来逼近单元中的真解，整个计算域上总体的基函数可以看成由每个单元基函数组成的，则整个计算域内的解可以看作是由所有单元上的近似解构成。

在数值计算中，常见的有限元计算方法是由变分法和加权余量法发展而来的里兹法和伽辽金法、最小二乘法等。根据所采用的权函数和插值函数的不同，有限单元法也分为多种计算格式。从权函数的选择来说，有配置法、矩量法、最小二乘法和伽辽金法；从计算单元网格的形状来划分，有三角形网格、四边形网格和多边形网格；从插值函数的精度来划分，又分为线性插值函数和高次插值函数等。不同的组合，同样构成不同的有限单元计算格式。对于权函数，伽辽金法是将权函数取为逼近函数中的基函数；最小二乘法是令权函数等于余量本身，而内积的极小值则为对代求系数的平方误差最小；在配置法中，先在计算域内选取 N 个配置点，令近似解在选定的 N 个配置点上严格满足微分方程，即在配置点上令方程余量为 0。插值函数一般由不同次幂的多项式组成，但也有采用三角函数或指数函数组成的乘积表示，但最常用的是多项式插值函数。有限元插值函数分为两大类：一类只要求插值多项式本身在插值点取已知值，称为拉格朗日（Lagrange）多项式插值；另一类不仅要求插值多项式本身，还要求它的导数值在插值点取已知值，称为哈密特(Hermite)多项式插值。单元坐标有笛卡尔直角坐标系和无因次自然坐标，有对称和不对称等。常采用的无因次坐标是一种局部坐标系，它的定义取决于单元的几何形状，一维看作长度比，二维看作面积比，三维看作体积比。在二维有限元中，三角形单元应用最早，近年来四边形等单元的应用也越来越广。对于二维三角形和四边形典型单元，常采用的插值函数有拉格朗日插值直角坐标系中的线性插值函数及二阶或更高阶插值函数、面积坐标系中的线性插值函数及二阶或更高阶插值函数等。

有限单元法是一种求取微分方程近似解的有效方法，它是基于多组简单函数的组合来代替复杂函数，进而求得近似解。有限单元法的最基本单位为单元，单元与单元之间以节点联系起来，采用单元实现物体之间的应力、应变和位移关系；以有限的已知量逼近求解无限的未知量；通过有限元分析，能够实现任意形状的结构体在外力作用下的三类力学信息(位移、应变、应力)。有限单元法采用变分原理进行分析，通过结构体内部的单元节点实现函数值的求解。

有限元模型是真实系统理想化的数学抽象，由一些简单形状的单元组成，单元之间通过节点连接，并承受一定载荷。

有限元分析是把求解区域看作由许多小的在节点处相互连接的单元(子域)所构成，其模型给出基本方程的分片(子域)近似解，由于单元(子域)可以被分割成各种形状和大小不同的尺寸，所以它能很好地适应复杂的几何形状、复杂的材料特性和复杂的边界条件。

有限元分析的目的：针对具有任意复杂几何形状变形体，完整获取在复杂外力作用下它内部的准确力学信息，即求取该变形体的三类力学信息(位移、应变、应力)。在准确进行力学分析的基础上，对设计对象进行强度、刚度等方面的评判，对不合理的设计参数进行修改，以得到较优化的设计方案；然后，再次进行方案修改后的有限元分析，以进行最后的力学评判和校核，确定出最后的设计方案。

二维的弹性方程运用有限元求解比较普遍，弹性问题采用位移表示成公式，且任意单元的节点有两个自由度，表示在两个坐标轴方向上的位移值。二维弹性问题中矢量位移具有两个分量，它的一阶导数对应各种应变，并且应变与应力呈线性关系，应力与应变是二阶张量，因此具有某些数学和几何上的性质。二维弹性理论中的应变-位移方程把 x 和 y 坐标方向上的位移 u 和 v 与相应的应变联系起来，如下式所列：

$$\varepsilon_{xx}=\frac{\partial u}{\partial x};\ \varepsilon_{yy}=\frac{\partial v}{\partial y};\ \varepsilon_{xy}=\frac{\partial u}{\partial y}+\frac{\partial v}{\partial x} \tag{2-8}$$

法向应变 ε_{xx} 和 ε_{yy} 定义了在 x 和 y 方向上每单位长度的挠度。切向应变 ε_{xy} 定义了一个质点的相对角变形。

守恒方程定义了一个质点上的力的平衡。求解分析过程中，必须定义法向应力、切向应力和体积力的关系，如下式所列：

$$\begin{cases}\dfrac{\partial\sigma_{xx}}{\partial x}+\dfrac{\partial\sigma_{xy}}{\partial y}+f_x=0\\[2mm]\dfrac{\partial\sigma_{xy}}{\partial x}+\dfrac{\partial\sigma_{yy}}{\partial y}+f_y=0\end{cases} \tag{2-9}$$

二维弹性问题的力学模型为胡克定律，它用来表示应力与应变的关系。基本假设材料为弹性均匀体且各向同性，那么由此得到的应力与应变是与杨氏模量 E 和泊松比 μ 有关的函数。二维弹性问题主要分为平面应力和平面应变问题。

平面应力出现在厚度尺寸相比于长度和宽度尺寸很小时的情况，并简单地假设法向(z 轴)上的应力为 0。应力应变关系为：

$$\begin{cases}\sigma_{xx}=\dfrac{E}{1-\mu^2}(\varepsilon_{xx}+\mu\varepsilon_{yy})\\ \sigma_{yy}=\dfrac{E}{1-\mu^2}(\varepsilon_{yy}+\mu\varepsilon_{xx})\\ \sigma_{xy}=G\varepsilon_{xy}=\dfrac{E}{2(1+\mu)}\varepsilon_{xy}\end{cases}\tag{2-10}$$

当一物体的长度相比横截面很大时，一个适当的假设是位移和 $\partial/\partial z$ 在 z 方向上为 0。由此得到平面应变的应力-应变关系为：

$$\begin{cases}\sigma_{xx}=\dfrac{E}{(1+\mu)(1-2\mu)}[(1-\mu)\varepsilon_{xx}+\mu\varepsilon_{yy}]\\ \sigma_{yy}=\dfrac{E}{(1+\mu)(1-2\mu)}[(1-\mu)\varepsilon_{yy}+\mu\varepsilon_{xx}]\\ \sigma_{zz}=\mu(\sigma_{xx}+\sigma_{yy})\\ \sigma_{xy}=G\varepsilon_{xy}=\dfrac{E}{2(1+\mu)}\varepsilon_{xy}\end{cases}\tag{2-11}$$

线弹性有限元是以理想弹性体为研究对象的，所考虑的变形建立在小变形假设的基础上。在这类问题中，材料的应力与应变呈线性关系，满足广义胡克定律；应力与应变也是线性关系，线弹性问题可归结为求解线性方程问题。

第三节　有限元分析的基本方法

在弹性力学的解析方法中，把弹性体划分成无限多个微单元体的组合体来研究。通过对其中任一微单元体的平衡、几何及物理关系的分析，建立起对弹性体内任一点都适用的一系列基本微分方程，然后，设法找出满足所有基本方程和边界条件的解析解。这些解是点的坐标的表达式，可给出弹性体内任一点处所要求的未知量。从实质上来说，这种分析方法可以称为“无限小单元法”。然而，在大多数工程实际问题中，由于结构几何形状不规则和载荷情况的复杂性，要求得完全满足边界条件的解析解，在数学上非常困难。与弹性力学解析法不同，有限单元法是把连续的弹性体划分成有限多个彼此只在有限个点相连接的、有限大小的单元组合体来研究的，也就是用一个离散结构来代替原结构，作为真实结构的近似力学模型，以后的数值计算就在这个离散结构上进行。

目前，最广泛应用的有限单元法实际上是有限单元位移法。它取节点位移作为基本未知量，把原来具有无限多自由度的连续弹性体简化为有限个单元组成的离散结构，从而避免了解微分方程的麻烦。从单元分析入手，找出单元内的位移、应变、应力以及节点作用力与单元节点位移的关系，建立每个单元的刚度方程。然后，进行结构的整体分析，即组集联系整个结构的节点位移和节点载荷的总刚度方程。总刚度方程是包含有限个未知节点位移分量的线性代数方程组。最后，根据所求得的各单元的节点位移，利用单元分析得到的关系，就可求出各单元内的应力。

根据平面问题的特点，归纳了弹性体的有限单元法的求解过程，包括以下几个分析步骤。

一、结构的离散化——划分单元

把实际连续体划分为离散结构的过程，叫作有限单元离散化。有限大小的单元，称为有限单元，常简称为单元。各单元之间相连接的点，称为节点。在平面问题中，把节点看作为光滑铰链。

对实际工程构件，首先要简化它的几何形状，按比例画出其平面简图，然后划分单元。把连续体离散化成有限元计算简图时，应使原构件或结构尽可能比较准确地得到模拟。这步工作做得是否恰当，关系最后计算精度的高低。

在弹性力学平面问题中用以进行离散化的单元形式有很多种，如三角形三节点单元、四边形(矩形)四节点单元、三角形六节点单元、四边形八节点单元等，如图 2-3 所示。

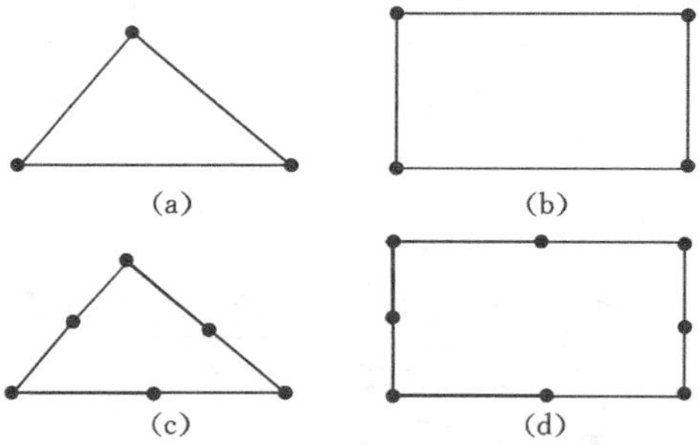

图 2-3　典型的二维平面单元类型

(a) 三角形三节点单元；(b) 四边形四节点单元；

(c) 三角形六节点单元；(d) 四边形八节点单元

在划分单元时，应注意以下原则：

(1) 单元小、网格密，则计算精度高，但要求计算机的容量大，计算时间长。若单元大、网格稀，则计算精度低，但要求计算机的容量小，计算时间短。因此，应在计算机容量的范围内，根据合理的计算时间，并考虑工程上对精度的要求，合理地决定单元大小。

(2) 对结构的不同部位可采取不同大小的单元。对边界曲折的部位、应力或位移变化剧烈的重要部位，单元可划分得小一些(如在凹槽、孔洞等应力集中处)；对边界平直的部位、应力或位移变化平缓的次要部位，单元可划分得大些。

(3) 对有曲线边界的构件，宜用三角形单元，且应注意三角形单元的三个内角的大小不要相差太大，不要有钝角，最好不要小于 30°，因为应力和位移的误差都与单元最小内角的正弦成反比。

(4) 应尽量利用结构和载荷的对称性，以减小计算工作量。

(5) 在结构厚度或弹性性质的突变处，应把突变线作为单元的分界线，不要让突变线穿过任一单元。

(6) 在分布载荷集度变化处和集中力作用处，应布置节点，以反映由此引起的应力变化。

二、单元分析

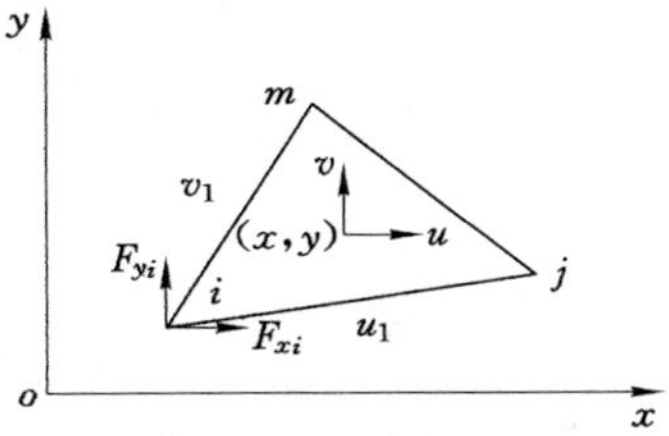

图 2-4　三角形三节点单元

1. 确定形函数

以二维问题的三节点三角形单元为例，如图 2-4 所示。

每个节点有 2 个位移分量：

$$\boldsymbol{\alpha}_i = \begin{bmatrix} u_i \\ v_i \end{bmatrix} \quad (i,j,m) \tag{2-12}$$

每个单元有 6 个节点位移，即 6 个节点自由度：

$$\boldsymbol{\alpha}^e = \begin{bmatrix} \alpha_i \\ \alpha_j \\ \alpha_m \end{bmatrix} = [u_i \quad v_i \quad u_j \quad v_j \quad u_m \quad v_m]^{\mathrm{T}} \tag{2-13}$$

三节点三角形单元位移模式选取一次多项式：

$$\begin{cases} u = \beta_1 + \beta_2 x + \beta_3 y \\ v = \beta_4 + \beta_5 x + \beta_6 y \end{cases} \tag{2-14}$$

单元内的位移是坐标 x、y 的线性函数。$\beta_1 \sim \beta_6$ 是待定系数，称之为广义坐标。6 个广义坐标可由单元的 6 个节点位移来表示。在式(2-14)的第一个式中，代入节点 i 的坐标 (x_i, y_i) 可得到节点 i 在 x 方向的位移 u_i，同理可得：

$$\begin{cases} u_i = \beta_1 + \beta_2 x_i + \beta_3 y_i \\ u_j = \beta_1 + \beta_2 x_j + \beta_3 y_j \\ u_m = \beta_1 + \beta_2 x_m + \beta_3 y_m \end{cases} \tag{2-15}$$

解式(2-15)可以得到广义坐标由节点位移表示的表达式。系数行列式为：

$$D = \begin{vmatrix} 1 & x_i & y_i \\ 1 & x_j & y_j \\ 1 & x_m & y_m \end{vmatrix} = 2A \tag{2-16}$$

A——三角形单元的面积。

广义坐标 $\beta_1 \sim \beta_6$ 为：

$$\begin{cases} \beta_1 = \dfrac{1}{D}\begin{vmatrix} u_i & x_i & y_i \\ u_j & x_j & y_j \\ u_m & x_m & y_m \end{vmatrix} = \dfrac{1}{2A}(a_i u_i + a_j u_j + a_m u_m) \\ \beta_2 = \dfrac{1}{D}\begin{vmatrix} 1 & u_i & y_i \\ 1 & u_j & y_j \\ 1 & u_m & y_m \end{vmatrix} = \dfrac{1}{2A}(b_i u_i + b_j u_j + b_m u_m) \\ \beta_3 = \dfrac{1}{D}\begin{vmatrix} 1 & x_i & u_i \\ 1 & x_j & u_j \\ 1 & x_m & u_m \end{vmatrix} = \dfrac{1}{2A}(c_i u_i + c_j u_j + c_m u_m) \end{cases} \tag{2-17}$$

同理，利用 3 个节点 y 方向的位移，即式(2-14)的第二个式子可求得：

$$\begin{cases} \beta_4 = \dfrac{1}{2A}(a_i v_i + a_j v_j + a_m v_m) \\ \beta_5 = \dfrac{1}{2A}(b_i v_i + b_j v_j + b_m v_m) \\ \beta_6 = \dfrac{1}{2A}(c_i v_i + c_j v_j + c_m v_m) \end{cases} \tag{2-18}$$

在式(2-17)和式(2-18)中有：

$$\begin{cases} a_i = \begin{vmatrix} x_j & y_j \\ x_m & y_m \end{vmatrix} = x_j y_m - x_m y_j \\ b_i = -\begin{vmatrix} 1 & y_j \\ 1 & y_m \end{vmatrix} = y_j - y_m \qquad (i,j,m) \\ c_i = \begin{vmatrix} 1 & x_j \\ 1 & x_m \end{vmatrix} = -x_j + x_m \end{cases} \tag{2-19}$$

式(2-19)中 (i,j,m) 表示下标轮换，即 $i \rightarrow j, j \rightarrow m, m \rightarrow i$。写成矩阵形式为

$$\boldsymbol{u} = \begin{Bmatrix} u \\ v \end{Bmatrix} = \begin{bmatrix} N_i & 0 & N_j & 0 & N_m & 0 \\ 0 & N_i & 0 & N_j & 0 & N_m \end{bmatrix} \begin{Bmatrix} u_i \\ u_j \\ u_m \\ v_i \\ v_j \\ v_m \end{Bmatrix} \tag{2-20}$$

将求得的广义坐标 $\beta_1 \sim \beta_6$ 代入式(2-14)，将位移函数表示为节点位移的函数：

$$\begin{cases} u = N_i u_i + N_j u_j + N_m u_m \\ v = N_i v_i + N_j v_j + N_m v_m \end{cases} \tag{2-21}$$

其中，N_i 为当 i 节点有单位位移且 j、m 节点固定时所引起的单元内部的位移分布函数：

$$N_i = \frac{1}{2A}(a_i + b_i x + c_i y) \quad (i,j,m) \tag{2-22}$$

单元面积 A 为：

$$A = \frac{1}{2}D = \frac{1}{2}(a_i + a_j + a_m) = \frac{1}{2}(b_i c_j - b_j c_i) \tag{2-23}$$

2. 建立有限元方程

物体在平面内的状态有两种描述方式：一是给出各点在 x 方向的位移 u 和在 y 方向的位移 v；二是给出各点微小矩形单元的应变 ε_x、ε_y 和 γ_{xy}。其中 ε_x 和 ε_y 分别表示沿 x 方向和 y 方向的线应变，γ_{xy} 表示切应变(角应变)。

经过弹性物体内任意一点 P，沿 x 轴和 y 轴的方向取两个微小长度的线段 $PA = \mathrm{d}x$ 和 $PB = \mathrm{d}y$，如图 2-5 所示，假定弹性物体受力以后，P、A、B 三点分别移动到 P'、A'、B'。

首先求线段 PA 和 PB 的正应变，即 ε_x 和 ε_y，用位移分量来表示。设 P 点在 x 方向的位移是 u，则 A 点在 x 方向的位移，由于 x 坐标的改变，将是 $u + \dfrac{\partial u}{\partial x}\mathrm{d}x$，可见线段 PA 的正应变是：

$$\varepsilon_x = \frac{\left(u + \dfrac{\partial u}{\partial x}\mathrm{d}x\right) - u}{\mathrm{d}x} \tag{2-24}$$

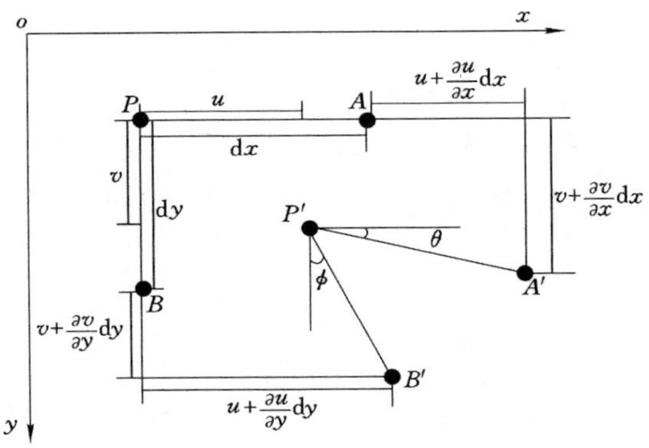

图 2-5　有限元方程的建立

在这里，由于位移微小，y 方向的位移 v 所引起 PA 的伸缩量是高一阶微量，因此略去不计。同样可见，线段 PB 的正应变是：

$$\varepsilon_y = \frac{\partial v}{\partial y} \tag{2-25}$$

然后求出线段 PA 和 PB 之间直角的改变，也就是剪应变 γ_{xy}，用位移分量来表示。这个剪应变是由两部分组成的：一部分是由 y 方向的位移 v 引起的，即 x 方向的线段 PA 的转角 θ；另一部分是由 x 方向的位移 u 引起的，即 y 方向的线段 PB 的转角 ϕ。

设 P 点在 y 方向的位移分量是 v，则 A 点在 y 方向的位移分量将是 $v+\frac{\partial v}{\partial x}\mathrm{d}x$。因此，线段 PA 的转角是：

$$\theta = \frac{v+\frac{\partial v}{\partial x}\mathrm{d}x - v}{\mathrm{d}x} = \frac{\partial v}{\partial x} \tag{2-26}$$

同样可得线段 PB 的转角是：

$$\phi = \frac{\partial u}{\partial y} \tag{2-27}$$

于是可见，PA 和 PB 之间直角的改变（以减小时为正）也就是剪应变 γ_{xy}：

$$\gamma_{xy} = \theta + \phi = \frac{\partial v}{\partial x} + \frac{\partial u}{\partial y} \tag{2-28}$$

综合式(2-24)～式(2-26)，得到平面问题由位移求应变的几何方程：

$$\varepsilon_x = \frac{\partial u}{\partial x};\ \varepsilon_y = \frac{\partial v}{\partial y};\ \gamma_{xy} = \frac{\partial v}{\partial x} + \frac{\partial u}{\partial y} \tag{2-29}$$

由上式可见，当物体的位移分量完全确定时，应变分量可完全确定。反之，当应变分量完全确定时，位移分量却不能完全确定。因为当物体发生一定的应变时，由于约束条件的不同，它可能具有不同的刚体位移，因而它的位移并不是完全确定的。在几何方程中，位移用式(2-21)代入，得到单元应变：

$$\boldsymbol{\varepsilon} = \begin{Bmatrix} \varepsilon_x \\ \varepsilon_y \\ \gamma_{xy} \end{Bmatrix} = \boldsymbol{N}\boldsymbol{\alpha}^e = [N_i \quad N_j \quad N_m]\boldsymbol{\alpha}^e = [\boldsymbol{B}_i \quad \boldsymbol{B}_j \quad \boldsymbol{B}_m]\boldsymbol{\alpha}^e = \boldsymbol{B}\boldsymbol{\alpha}^e \tag{2-30}$$

式中　$\boldsymbol{B}$——应变矩阵，分块矩阵为

$$\boldsymbol{B}_i=\begin{bmatrix}\dfrac{\partial}{\partial x} & 0\\ 0 & \dfrac{\partial}{\partial y}\\ \dfrac{\partial}{\partial y} & \dfrac{\partial}{\partial x}\end{bmatrix}\begin{bmatrix}N_i & 0\\ 0 & N_i\end{bmatrix}=\begin{bmatrix}\dfrac{\partial N_i}{\partial x} & 0\\ 0 & \dfrac{\partial N_i}{\partial y}\\ \dfrac{\partial N_i}{\partial y} & \dfrac{\partial N_i}{\partial x}\end{bmatrix}\quad (i,j,m) \tag{2-31}$$

求导可得到：

$$\frac{\partial N_i}{\partial x}=\frac{1}{2A}b_i;\ \frac{\partial N_i}{\partial y}=\frac{1}{2A}c_i \tag{2-32}$$

代入式(2-31)得到：

$$\boldsymbol{B}_i=\frac{1}{2A}\begin{bmatrix}b_i & 0\\ 0 & c_i\\ c_i & b_i\end{bmatrix}\quad (i,j,m) \tag{2-33}$$

三节点单元的应变矩阵是：

$$\boldsymbol{B}=[\boldsymbol{B}_i\quad \boldsymbol{B}_j\quad \boldsymbol{B}_m]=\frac{1}{2A}\begin{bmatrix}b_i & 0 & b_j & 0 & b_m & 0\\ 0 & c_i & 0 & c_j & 0 & c_m\\ c_i & b_i & c_j & b_j & c_m & b_m\end{bmatrix} \tag{2-34}$$

式(2-34)中 b_i,b_j,b_m,c_i,c_j,c_m 由式(2-19)确定，它们是单元形状的参数。当单元的节点坐标确定后，这些参数都是常量(与坐标变量 x、y 无关)，因此 $\boldsymbol{B}$ 是常量阵。

单元应力可以根据物理方程求得。在完全弹性的各向同性物体内，应变分量与应力分量之间的关系根据胡克定律可得：

$$\begin{cases}\varepsilon_x=\dfrac{1}{E}(\sigma_x-\mu\sigma_y)\\ \varepsilon_y=\dfrac{1}{E}(\sigma_y-\mu\sigma_x)\\ \gamma_{xy}=\dfrac{2(1+\mu)}{E}\tau_{xy}\end{cases} \tag{2-35}$$

此外，

$$\varepsilon_z=-\frac{\mu}{E}(\sigma_x+\sigma_y) \tag{2-36}$$

可由应变求应力，其物理方程为：

$$\begin{cases}\sigma_x=\dfrac{E}{1-\mu^2}(\varepsilon_x+\mu\varepsilon_y)\\ \sigma_y=\dfrac{E}{1-\mu^2}(\varepsilon_y+\mu\varepsilon_x)\\ \tau_{xy}=\dfrac{E}{2(1+\mu)}\gamma_{xy}=\dfrac{E}{1-\mu^2}\times\dfrac{1-\mu}{2}\gamma_{xy}\end{cases} \tag{2-37}$$

为了便于以后的应用，上式可写成矩阵形式：

$$\boldsymbol{\sigma}=\begin{Bmatrix}\sigma_x\\ \sigma_y\\ \tau_{xy}\end{Bmatrix};\ \boldsymbol{\varepsilon}=\begin{Bmatrix}\varepsilon_x\\ \varepsilon_y\\ \gamma_{xy}\end{Bmatrix} \tag{2-38}$$

$$\boldsymbol{D}=\frac{E}{1-\mu^2}\begin{bmatrix}1 & \mu & 0\\ \mu & 1 & 0\\ 0 & 0 & \frac{1-\mu}{2}\end{bmatrix} \tag{2-39}$$

式中　$\boldsymbol{D}$——弹性矩阵。它是一个对称矩阵，其元素只与弹性常数 E 和 μ 有关。

在物理方程中代入式(2-37)可以得到：

$$\boldsymbol{\sigma}=\begin{Bmatrix}\sigma_x\\ \sigma_y\\ \tau_{xy}\end{Bmatrix}=\boldsymbol{D}\varepsilon=\boldsymbol{DB}\,\boldsymbol{\alpha}^e=\boldsymbol{S}\,\boldsymbol{\alpha}^e \tag{2-40}$$

式中　$\boldsymbol{S}$——应力矩阵，$\boldsymbol{S}=\boldsymbol{DB}=\boldsymbol{D}[\boldsymbol{B}_i\quad \boldsymbol{B}_j\quad \boldsymbol{B}_m]=[\boldsymbol{S}_i]$。其中分块矩阵为：

$$\boldsymbol{S}_i=\boldsymbol{D}\boldsymbol{B}_i=\frac{E_0}{2(1-\mu_0^2)A}\begin{bmatrix}b_i & v_0c_i\\ \mu_0b_i & c_i\\ \frac{1-\mu_0}{2}c_i & \frac{1-\mu_0}{2}b_i\end{bmatrix}\quad (i,j,m) \tag{2-41}$$

式中　E_0,μ_0——材料常数，对于平面应力问题，$E_0=E,\mu_0=\mu$；对于平面应变问题，$E_0=\dfrac{E}{1-\mu^2},\mu_0=\dfrac{\mu}{1-\mu}$。

与应变矩阵 $\boldsymbol{B}$ 相同，应力矩阵 $\boldsymbol{S}$ 也是常量阵，即三节点单元中各点的应力是相同的，在很多情况下，不单独定义应力矩阵 $\boldsymbol{S}$，而直接用 $\boldsymbol{DB}$ 进行应力计算。

三、计算单元刚度矩阵及单元载荷列阵

1. 单元刚度矩阵

$$\boldsymbol{K}^e=\boldsymbol{B}^{\mathrm{T}}\boldsymbol{DB}tA=\begin{bmatrix}K_{ii} & K_{ij} & K_{im}\\ K_{ji} & K_{jj} & K_{jm}\\ K_{mi} & K_{mj} & K_{mm}\end{bmatrix} \tag{2-42}$$

式中　t——二维体厚度。

代入弹性矩阵 $\boldsymbol{D}$ 和应变矩阵 $\boldsymbol{B}$ 后，它的任一分块矩阵可表示成：

$$\boldsymbol{K}_{rs}=\boldsymbol{B}_r^{\mathrm{T}}\boldsymbol{D}\,\boldsymbol{B}_s tA=\frac{E_0t}{4(1-v_0^2)A}\begin{bmatrix}K_1 & K_3\\ K_2 & K_4\end{bmatrix}\quad (r,s=i,j,m) \tag{2-43}$$

其中：

$$\begin{cases}K_1=b_rb_s+\dfrac{1-v_0}{2}c_rc_s\\ K_2=v_0c_rb_s+\dfrac{1-v_0}{2}b_rc_s\\ K_3=v_0b_rc_s+\dfrac{1-v_0}{2}c_rb_s\\ K_4=c_rc_s+\dfrac{1-v_0}{2}b_rb_s\end{cases} \tag{2-44}$$

2. 单元载荷列阵

对于离散模型，系统位能是各单元位能的和，离散模型的总位能为：

$$\prod_p = \sum_e \left(\boldsymbol{\alpha}^{eT}\int_\Omega \frac{1}{2}\boldsymbol{B}^T\boldsymbol{DB}t\,\mathrm{d}x\mathrm{d}y\,\boldsymbol{\alpha}^e\right) - \sum_e \left(\boldsymbol{\alpha}^{eT}\int_\Omega \boldsymbol{N}^T\boldsymbol{f}t\,\mathrm{d}x\mathrm{d}y\right) - \sum_e \left(\boldsymbol{\alpha}^{eT}\int_{s_{ij}^e} \boldsymbol{N}^T\boldsymbol{T}t\,\mathrm{d}\boldsymbol{S}\right) \tag{2-45}$$

式中 f——作用在二维体内的体积力；

T——作用在二维体边界上的面积力。

$$\begin{cases}\int_\Omega \boldsymbol{B}^T\boldsymbol{DB}t\,\mathrm{d}x\mathrm{d}y = \boldsymbol{K}^e \\ \int_\Omega \boldsymbol{N}^T\boldsymbol{f}t\,\mathrm{d}x\mathrm{d}y = \boldsymbol{P}_f^e \\ \int_{S_{ij}^e} \boldsymbol{N}^T\boldsymbol{T}t\,\mathrm{d}\boldsymbol{S} = \boldsymbol{P}_S^e\end{cases} \tag{2-46}$$

单元等效节点载荷矩阵 $\boldsymbol{P}^e$ 为：

$$\boldsymbol{P}^e = \boldsymbol{P}_b^e + \boldsymbol{P}_S^e \tag{2-47}$$

将单元节点位移 $\boldsymbol{\alpha}^e$ 用结构节点位移 $\boldsymbol{\alpha}$ 表示：

$$\boldsymbol{\alpha}^e = \boldsymbol{G\alpha} \tag{2-48}$$

其中：

$$\boldsymbol{\alpha} = [u_1 \quad v_1 \quad u_2 \quad v_2 \quad \cdots \quad u_i \quad v_i \quad \cdots \quad u_m \quad v_m]^T \tag{2-49}$$

$$\boldsymbol{G} = \begin{bmatrix} 1 & 2 & \cdots & 2i-1 & 2i & \cdots & 2m-1 & 2m & \cdots & 2j-1 & 2j & \cdots & 2n \\ 0 & 0 & \cdots & 1 & 0 & \cdots & 0 & 0 & \cdots & 0 & 0 & \cdots & 0 \\ 0 & 0 & \cdots & 0 & 1 & \cdots & 0 & 0 & \cdots & 0 & 0 & \cdots & 0 \\ 0 & 0 & \cdots & 0 & 0 & \cdots & 0 & 0 & \cdots & 1 & 0 & \cdots & 0 \\ 0 & 0 & \cdots & 0 & 0 & \cdots & 0 & 0 & \cdots & 0 & 1 & \cdots & 0 \\ 0 & 0 & \cdots & 0 & 0 & \cdots & 1 & 0 & \cdots & 0 & 0 & \cdots & 0 \\ 0 & 0 & \cdots & 0 & 0 & \cdots & 0 & 1 & \cdots & 0 & 0 & \cdots & 0 \end{bmatrix} \tag{2-50}$$

式中 $\boldsymbol{G}$——单元节点转换矩阵；

n——结构的节点数。

四、组集总体刚度矩阵及总体载荷列阵

离散形式的总位能可表示为：

$$\prod_p = \boldsymbol{\alpha}^T \frac{1}{2}\sum(\boldsymbol{G}^T\boldsymbol{K}^e\boldsymbol{G})\boldsymbol{\alpha} - \boldsymbol{\alpha}^T\sum(\boldsymbol{G}^T\boldsymbol{P}^e) \tag{2-51}$$

$$\begin{cases}\boldsymbol{K} = \sum \boldsymbol{G}^T\boldsymbol{K}^e\boldsymbol{G} \\ \boldsymbol{P} = \sum \boldsymbol{G}^T\boldsymbol{P}^e\end{cases} \tag{2-52}$$

式(2-51)可以写成：

$$\prod_p = \frac{1}{2}\boldsymbol{\alpha}^T\boldsymbol{K\alpha} - \boldsymbol{\alpha}^T\boldsymbol{P} \tag{2-53}$$

离散形式的总位能 $\prod_p$ 的未知变量是结构的节点位移 $\boldsymbol{\alpha}$，根据变分原理，泛函 $\prod_p$ 取驻值的条件是它的一次变分为0，即

$$\frac{\partial \prod_p}{\partial \boldsymbol{\alpha}} = 0 \tag{2-54}$$

可以看出，结构整体刚度矩阵 $\boldsymbol{K}$ 和结构节点载荷列阵 $\boldsymbol{P}$，都是由单元刚度矩阵 $\boldsymbol{K}^e$ 和单元等效节点载荷矩阵 $\boldsymbol{P}^e$ 集合而成的。

五、求解有限元方程

求解有限元的方程是：

$$\boldsymbol{K\alpha} = \boldsymbol{P} \tag{2-55}$$

得到结构的节点位移 $\boldsymbol{\alpha}$。

根据单元的节点位移矩阵、弹性矩阵及应变矩阵而求解单元的应力：

$$\boldsymbol{\sigma} = \begin{Bmatrix} \sigma_x \\ \sigma_y \\ \tau_{xy} \end{Bmatrix} = \boldsymbol{D\varepsilon} = \boldsymbol{DB}\,\boldsymbol{\alpha}^e = \boldsymbol{S}\,\boldsymbol{\alpha}^e \tag{2-56}$$

第四节　平面三节点问题的理论解

如图 2-6(a)所示的是平面应力状态受拉伸平板，一端固定，一端受均布拉力 $q=1\ \text{kN/cm}^2$ 作用，板的两侧受法向位移约束，已知材料弹性模量为 $E=10^4\ \text{kN/cm}^2$，泊松比为 $\mu=0.3$，板厚 $t=1$ cm，试用三节点三角形平面应力单元计算板的位移和应力。

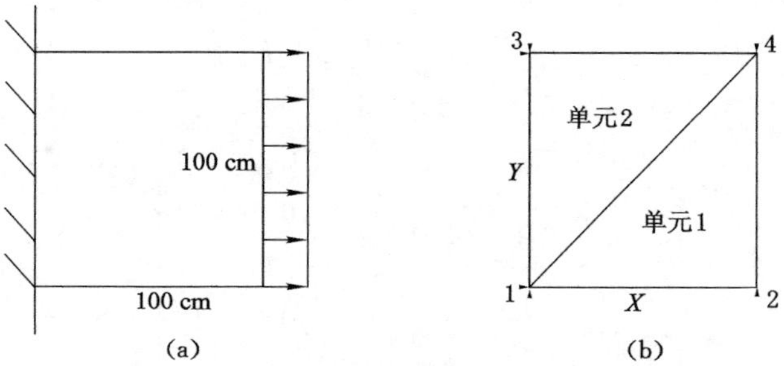

图 2-6　拉伸平板模型及有限元网格

解　计算前先将参数单位换算：长度单位用 m；模量单位为 MPa；均布拉力单位为 MPa。

则 $E=10^5$ MPa，$q=10$ MPa；$l=1$ m，$t=0.01$ m。

(1) 将板体进行单元剖分和节点编号，如图 2-6(b)所示，位移边界条件为：

① 节点：

1(0,0)　　2(1,0)　　3(0,1)　　4(1,1)

② 单元及节点号：

1(1,2,4)　　2(4,3,1)

③ 约束条件：

a) $u_1=v_1=0$　　b) $v_2=0$　　c) $u_3=v_3=0$　　d) $v_4=0$

(2) 计算单元刚度矩阵。

① 计算单元 1 的单元刚度矩阵：

$$b_1 = y_2 - y_3 = -1$$
$$b_2 = y_3 - y_1 = 1$$
$$b_3 = y_1 - y_2 = 0$$
$$c_1 = x_3 - x_2 = 0$$
$$c_2 = x_1 - x_3 = -1$$
$$c_3 = x_2 - x_1 = 1$$

$$\Delta = \frac{1}{2}(x_1 y_2 + x_2 y_3 + x_3 y_1) - \frac{1}{2}(x_2 y_1 + x_3 y_2 + x_1 y_3) = 0.5$$

则平面应力单元的应变矩阵[B]为：

$$[B] = \frac{1}{2\Delta}\begin{bmatrix} b_1 & 0 & b_2 & 0 & b_3 & 0 \\ 0 & c_1 & 0 & c_2 & 0 & c_3 \\ c_1 & b_1 & c_2 & b_2 & c_3 & b_3 \end{bmatrix} = \begin{bmatrix} -1 & 0 & 1 & 0 & 0 & 0 \\ 0 & 0 & 0 & -1 & 0 & 1 \\ 0 & -1 & -1 & 1 & 1 & 0 \end{bmatrix}$$

则平面应力单元的弹性矩阵为：

$$[D] = \frac{E}{1-\mu^2}\begin{bmatrix} 1 & \mu & 0 \\ \mu & 1 & 0 \\ 0 & 0 & \frac{1-\mu}{2} \end{bmatrix} = \frac{10^5}{0.91}\begin{bmatrix} 1 & 0.3 & 0 \\ 0.3 & 1 & 0 \\ 0 & 0 & 0.35 \end{bmatrix}$$

单元刚度矩阵为：

$$[k^1] = [B]^{\mathrm{T}}[D][B]t\Delta$$

$$[B]^{\mathrm{T}} = \begin{bmatrix} -1 & 0 & 0 \\ 0 & 0 & -1 \\ 1 & 0 & -1 \\ 0 & -1 & 1 \\ 0 & 0 & 1 \\ 0 & 1 & 0 \end{bmatrix}$$

$$t=0.01$$

根据单元刚度矩阵的计算公式，得：

$$[k^1] = [B]^{\mathrm{T}}[D][B]t\Delta = \begin{bmatrix} k_{11} & k_{12} & k_{14} \\ k_{21} & k_{22} & k_{24} \\ k_{41} & k_{42} & k_{44} \end{bmatrix}$$

$$= \frac{10^3}{1.82}\begin{bmatrix} 1.0 & 0 & -1.0 & 0.3 & 0 & -0.3 \\ 0 & 0.35 & 0.35 & -0.35 & -0.35 & 0 \\ -1.0 & 0.35 & 1.35 & -0.65 & -0.35 & 0.3 \\ 0.3 & -0.35 & -0.65 & 1.35 & 0.35 & -1.0 \\ 0 & -0.35 & -0.35 & 0.35 & 0.35 & 0 \\ -0.3 & 0 & 0.3 & -1.0 & 0 & 1.0 \end{bmatrix}$$

其中：

$$k_{11}^1=\frac{10^3}{1.82}\begin{bmatrix}1.0 & 0\\ 0 & 0.35\end{bmatrix}$$

$$k_{12}^1=\frac{10^3}{1.82}\begin{bmatrix}-1.0 & 0.3\\ 0.35 & -0.35\end{bmatrix}$$

$$k_{14}^1=\frac{10^3}{1.82}\begin{bmatrix}0 & -0.3\\ -0.35 & 0\end{bmatrix}$$

$$k_{21}^1=\frac{10^3}{1.82}\begin{bmatrix}-1.0 & 0.35\\ 0.3 & -0.35\end{bmatrix}$$

$$k_{22}^1=\frac{10^3}{1.82}\begin{bmatrix}1.35 & -0.65\\ -0.65 & 1.35\end{bmatrix}$$

$$k_{24}^1=\frac{10^3}{1.82}\begin{bmatrix}-0.35 & 0.3\\ 0.35 & -1.0\end{bmatrix}$$

$$k_{41}^1=\frac{10^3}{1.82}\begin{bmatrix}0 & -0.35\\ -0.3 & 0\end{bmatrix}$$

$$k_{42}^1=\frac{10^3}{1.82}\begin{bmatrix}-0.35 & 0.35\\ 0.3 & -1.0\end{bmatrix}$$

$$k_{44}^1=\frac{10^3}{1.82}\begin{bmatrix}0.35 & 0\\ 0 & 1.0\end{bmatrix}$$

② 计算单元 2 的单元刚度矩阵：

$$b_1=y_2-y_3=1$$

$$b_2=y_3-y_1=-1$$

$$b_3=y_1-y_2=0$$

$$c_1=x_3-x_2=0$$

$$c_2=x_1-x_3=1$$

$$c_3=x_2-x_1=-1$$

$$\Delta=\frac{1}{2}(x_1y_2+x_2y_3+x_3y_1)-\frac{1}{2}(x_2y_1+x_3y_2+x_1y_3)=0.5$$

$$[B]=\frac{1}{2\Delta}\begin{bmatrix}b_1 & 0 & b_2 & 0 & b_3 & 0\\ 0 & c_1 & 0 & c_2 & 0 & c_3\\ c_1 & b_1 & c_2 & b_2 & c_3 & b_3\end{bmatrix}=\begin{bmatrix}1 & 0 & -1 & 0 & 0 & 0\\ 0 & 0 & 0 & 1 & 0 & -1\\ 0 & 1 & 1 & -1 & -1 & 0\end{bmatrix}$$

单元刚度矩阵为：

$$[k^1]=[B]^{\mathrm{T}}[D][B]t\Delta$$

$$[B]^{\mathrm{T}}=\begin{bmatrix}1 & 0 & 0\\ 0 & 0 & 1\\ -1 & 0 & 1\\ 0 & 1 & -1\\ 0 & 0 & -1\\ 0 & -1 & 0\end{bmatrix}$$

则单元 2 的单元刚度矩阵为：

$$[k^2]=[B]^{\mathrm{T}}[D][B]t\Delta=\begin{bmatrix}k_{44} & k_{43} & k_{41}\\ k_{34} & k_{33} & k_{31}\\ k_{14} & k_{13} & k_{11}\end{bmatrix}$$

$$=\frac{10^3}{1.82}\begin{bmatrix}1.0 & 0 & -1.0 & 0.3 & 0 & -0.3\\ 0 & 0.35 & 0.35 & -0.35 & -0.35 & 0\\ -1.0 & 0.35 & 1.35 & -0.65 & -0.35 & 0.3\\ 0.3 & -0.35 & -0.65 & 1.35 & 0.35 & -1.0\\ 0 & -0.35 & -0.35 & 0.35 & 0.35 & 0\\ -0.3 & 0 & 0.3 & -1.0 & 0 & 1.0\end{bmatrix}$$

其中：

$$k_{11}^2=\frac{10^3}{1.82}\begin{bmatrix}0.35 & 0\\ 0 & 1.0\end{bmatrix}$$

$$k_{13}^2=\frac{10^3}{1.82}\begin{bmatrix}-0.35 & 0.35\\ 0.3 & -1.0\end{bmatrix}$$

$$k_{14}^2=\frac{10^3}{1.82}\begin{bmatrix}0 & -0.35\\ -0.3 & 0\end{bmatrix}$$

$$k_{31}^2=\frac{10^3}{1.82}\begin{bmatrix}-0.35 & 0.3\\ 0.35 & -1.0\end{bmatrix}$$

$$k_{33}^2=\frac{10^3}{1.82}\begin{bmatrix}1.35 & -0.65\\ -0.65 & 1.35\end{bmatrix}$$

$$k_{34}^2=\frac{10^3}{1.82}\begin{bmatrix}-1.0 & 0.35\\ 0.3 & -0.35\end{bmatrix}$$

$$k_{41}^2=\frac{10^3}{1.82}\begin{bmatrix}0 & -0.3\\ -0.35 & 0\end{bmatrix}$$

$$k_{43}^2=\frac{10^3}{1.82}\begin{bmatrix}-1.0 & 0.3\\ 0.35 & -0.35\end{bmatrix}$$

$$k_{44}^2=\frac{10^3}{1.82}\begin{bmatrix}1.0 & 0\\ 0 & 0.35\end{bmatrix}$$

(3) 将全部单元刚度矩阵组集为总刚度矩阵$[K]$。

已知各个单元的局部自由度编码与总体自由度编码，关系如表 2-1 所列。

表 2-1　　各个单元的局部自由度编码与总体自由度编码

单元号	1			2		
局部号	i　j　m			i　j　m		
整体号	1　2　4			4　3　1		
单元刚度矩阵的子块换号	k_{11}	k_{12}	k_{14}	k_{44}	k_{43}	k_{41}
	k_{21}	k_{22}	k_{24}	k_{34}	k_{33}	k_{31}
	k_{41}	k_{42}	k_{44}	k_{14}	k_{13}	k_{11}

总体刚度矩阵[K]为：

$$[K]=\begin{bmatrix} k_{11}^1+k_{11}^2 & k_{12}^1 & k_{13}^2 & k_{14}^1+k_{14}^2 \\ k_{21}^1 & k_{22}^1 & 0 & k_{24}^1 \\ k_{31}^2 & 0 & k_{33}^2 & k_{34}^2 \\ k_{41}^1+k_{41}^2 & k_{42}^1 & k_{43}^2 & k_{44}^1+k_{44}^2 \end{bmatrix}$$

$$=\frac{10^3}{1.82}\begin{bmatrix} 1.35 & 0 & -1.0 & 0.3 & -0.35 & 0.35 & 0 & -0.65 \\ 0 & 1.35 & 0.35 & -0.35 & 0.3 & -1.0 & -0.65 & 0 \\ -1.0 & 0.35 & 1.35 & -0.65 & 0 & 0 & -0.35 & 0.3 \\ 0.3 & -0.35 & -0.65 & 1.35 & 0 & 0 & 0.35 & -1.0 \\ -0.35 & 0.3 & 0 & 0 & 1.35 & -0.65 & -1.0 & 0.35 \\ 0.35 & -1.0 & 0 & 0 & -0.65 & 1.35 & 0.3 & -0.35 \\ 0 & -0.65 & -0.35 & 0.35 & -1.0 & 0.3 & 1.35 & 0 \\ -0.65 & 0 & 0.3 & -1.0 & 0.35 & -0.35 & 0 & 1.35 \end{bmatrix}$$

(4) 计算单元载荷列阵，并组集总体载荷列阵。

该板单元中只有单元 2 受面力 q 作用，约束条件矩阵：

$$[Y]=[1\quad 0\quad 0\quad 0\quad 1\quad 0]^{\mathrm{T}}$$

单元载荷列阵为：

$$\{Q^2\}=\frac{lt}{2}[Y]$$

按照编码原理，组集总体载荷列阵{R}：

$$\{R\}=[R_{x1}\quad R_{y1}\quad 5\quad R_{y2}\quad R_{x3}\quad R_{y3}\quad 5\quad R_{x4}\quad R_{y4}]$$

其中：R_{x1}、R_{y1}、R_{y2}、R_{x3}、R_{y3}、R_{x4}、R_{y4}为支座反力。

(5) 根据边界约束条件，对总体刚度方程进行零位移约束修正，即划去约束为 0 的行列。

$$\frac{10^3}{1.82}\begin{bmatrix} 1.35 & -0.35 \\ -0.35 & 1.35 \end{bmatrix}\begin{Bmatrix} u_2 \\ v_4 \end{Bmatrix}=\begin{Bmatrix} 5 \\ 5 \end{Bmatrix}$$

求解方程得：

$$u_2=v_4=0.91\times 10^{-4}\ \mathrm{m}$$

根据边界约束条件，可知

$$u_1=v_1=v_2=u_3=v_3=u_4=0$$

(6) 计算单元应力。

单元 1 的应力：

$\{\sigma^1\}=[D][B]\{q^1\}$

$$=\frac{10^5}{0.91}\begin{bmatrix} 1 & 0.3 & 0 \\ 0.3 & 1 & 0 \\ 0 & 0 & 0.35 \end{bmatrix}\begin{bmatrix} -1 & 0 & 1 & 0 & 0 & 0 \\ 0 & -1 & 0 & 0 & 0 & 1 \\ -1 & -1 & 0 & 1 & 1 & 0 \end{bmatrix}\begin{Bmatrix} 0 \\ 0 \\ 0.000\,091 \\ 0 \\ 0 \\ 0 \end{Bmatrix}=\begin{Bmatrix} 10 \\ 3 \\ 0 \end{Bmatrix}\mathrm{MPa}$$

单元 2 的应力：

$\{\sigma^2\}=[D][B]\{q^2\}$

$$=\frac{10^5}{0.91}\begin{bmatrix}1&0.3&0\\0.3&1&0\\0&0&0.35\end{bmatrix}\begin{bmatrix}1&0&-1&0&0&0\\0&1&0&0&0&-1\\1&1&0&-1&-1&0\end{bmatrix}\begin{Bmatrix}0\\0\\0\\0\\0\\0.000\,091\end{Bmatrix}=\begin{Bmatrix}10\\3\\0\end{Bmatrix}\text{MPa}$$

第五节　平面三节点问题的数值解

基于 Matlab 编程，利用有限元的基本理论，编写平面三节点平面应力有限元计算程序，求得平面三节点问题的数值解。

对上一节中的平面三节点单元求解，有限元模型如图 2-7 所示：其中"×"表示约束，"*"荷载。求解结果如下：

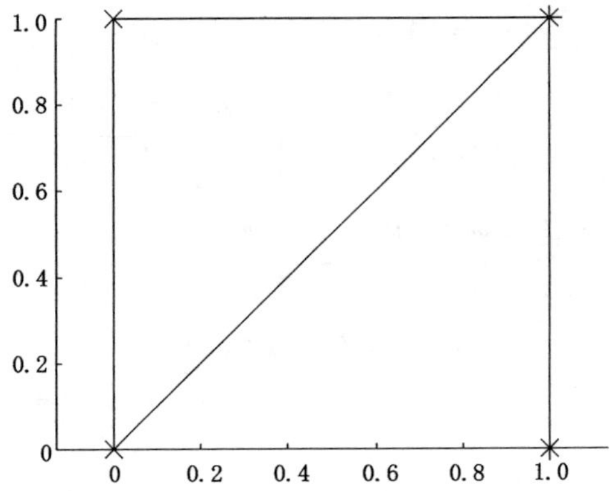

图 2-7　Matlab 程序有限元网格模型

其中平面应力单元的应变矩阵$[B]$和弹性矩阵$[D]$分别为：

$$[B^1]=\begin{bmatrix}-1&0&1&0&0&0\\0&0&0&-1&0&1\\0&-1&-1&1&1&0\end{bmatrix}$$

$$[B^2]=\begin{bmatrix}1&0&-1&0&0&0\\0&0&0&1&0&-1\\0&1&1&-1&-1&0\end{bmatrix}$$

$$[D]=\frac{10^5}{0.91}\begin{bmatrix}1&0.3&0\\0.3&1&0\\0&0&0.35\end{bmatrix}$$

单元刚度矩阵为：

$$[k^1]=\frac{10^3}{1.82}\begin{bmatrix}1.0 & 0 & -1.0 & 0.3 & 0 & -0.3\\ 0 & 0.35 & 0.35 & -0.35 & -0.35 & 0\\ -1.0 & 0.35 & 1.35 & -0.65 & -0.35 & 0.3\\ 0.3 & -0.35 & -0.65 & 1.35 & 0.35 & -1.0\\ 0 & -0.35 & -0.35 & 0.35 & 0.35 & 0\\ -0.3 & 0 & 0.3 & -1.0 & 0 & 1.0\end{bmatrix}$$

$$[k^2]=\frac{10^3}{1.82}\begin{bmatrix}1.0 & 0 & -1.0 & 0.3 & 0 & -0.3\\ 0 & 0.35 & 0.35 & -0.35 & -0.35 & 0\\ -1.0 & 0.35 & 1.35 & -0.65 & -0.35 & 0.3\\ 0.3 & -0.35 & -0.65 & 1.35 & 0.35 & -1.0\\ 0 & -0.35 & -0.35 & 0.35 & 0.35 & 0\\ -0.3 & 0 & 0.3 & -1.0 & 0 & 1.0\end{bmatrix}$$

总体刚度矩阵为：

$$[K]=\frac{10^3}{1.82}\begin{bmatrix}1 & 0 & 0 & 0 & 0 & 0 & 0 & 0\\ 0 & 1 & 0 & 0 & 0 & 0 & 0 & 0\\ 0 & 0 & 1.35 & 0 & 0 & 0 & -0.35 & 0\\ 0 & 0 & 0 & 1 & 0 & 0 & 0 & 0\\ 0 & 0 & 0 & 0 & 1 & 0 & 0 & 0\\ 0 & 0 & 0 & 0 & 0 & 1 & 0 & 0\\ 0 & 0 & -0.35 & 0 & 0 & 0 & 1.35 & 0\\ 0 & 0 & 0 & 0 & 0 & 0 & 0 & 1\end{bmatrix}$$

求解得位移值：

$$U=e^{-4}*\begin{Bmatrix}0\\ 0.91\\ 0\\ 0.91\end{Bmatrix}$$

$$V=\begin{Bmatrix}0\\ 0\\ 0\\ 0\end{Bmatrix}$$

求解得单元应力：

$$\{\sigma^1\}=\begin{Bmatrix}\sigma_x\\ \sigma_y\\ \tau_{xy}\end{Bmatrix}=\begin{Bmatrix}10\\ 3\\ 0\end{Bmatrix}\text{MPa}$$

$$\{\sigma^2\}=\begin{Bmatrix}\sigma_x\\ \sigma_y\\ \tau_{xy}\end{Bmatrix}=\begin{Bmatrix}10\\ 3\\ 0\end{Bmatrix}\text{MPa}$$

根据本章第四、五节的计算结果可知：平面应力状态受拉伸平板的三节点三角形单元位移和应力的理论解和数值解的结果是相同的，表明采用有限元基本理论的理论解的算法是正确的，同时，验证了根据有限元基本理论而编写的 Matlab 程序的合理性，为平面问题的应力-应变问题求解提供了简洁方法和思路。

第六节 算法数据文件

Matlab 平面三节点三角形单元平面应力计算程序源文件：

```
clear
clc
%输入参数
NJ=4;%节点个数
NE=2;%单元个数
NZ=6;%约束个数
NPJ=2;%节点荷载数
EO=1e5;%弹性模量%单位 MPa
UN=0.3;%泊松比
GAMA=1500;%材料容重
TE=1e-2;%单元厚度%单位 m
IND=0;%应力或应变转换
JM=[1 2 3;4 3 2];%单元节点号
CJZ=[0 0;1 0;0 1;1 1];%节点坐标号
NZC=[1;2;4;5;6;8];%约束数
PJ=[0 0;5 3;5 7];%节点荷载数组%单位 MPa
NJ2=2*NJ;
NPJ1=NPJ+1;

%受力节点的信息：
FPI=zeros(2,3);
for i=1:2
    FPI(i,:)=[2*i 5 0];
end
%受约束节点的信息：
BPI=zeros(2,3);
for i=1:2
    BPI(2*(i-1)+1,:)=[2*(i-1)+1 0 0];
    BPI(2*i,:)=[2*i 1 0];
end

%画出网格图形，用星号标记受力点，用叉号标记受约束点
holdon
```

```
for i=1:size(JM,1) plot([CJZ(JM(i,1),1),CJZ(JM(i,2),1),CJZ(JM(i,3),1),CJZ(JM(i,1),1)],[CJZ(JM(i,1),2),CJZ(JM(i,2),2),CJZ(JM(i,3),2),CJZ(JM(i,1),2)]);
end

for i=1:size(FPI,1);
    plot(CJZ(FPI(i,1),1),CJZ(FPI(i,1),2),'r * ','MarkerSize',15,'LineWidth',3);
end
for i=1:size(BPI,1);
    plot(CJZ(BPI(i,1),1),CJZ(BPI(i,1),2),'kx','MarkerSize',15,'LineWidth',3);
end
axisequal
holdoff

%计算单元面积A,输出矩阵S,输出矩阵K
%计算A,B,BB
for i=1:NE %i单元数MEO
    IE(i)=JM(i,1);
    JE(i)=JM(i,2);
    ME(i)=JM(i,3);
    CM(i)=CJZ(JE(i),1)-CJZ(IE(i),1);
    BM(i)=CJZ(IE(i),2)-CJZ(JE(i),2);
    CJ(i)=CJZ(IE(i),1)-CJZ(ME(i),1);
    BJ(i)=CJZ(ME(i),2)-CJZ(IE(i),2);
    AE(i)=(BJ(i) * CM(i)-BM(i) * CJ(i))/2;%计算面积
    B(1,1,i)=-BJ(i)-BM(i);
    B(1,3,i)=BJ(i);
    B(1,5,i)=BM(i);
    B(2,2,i)=-CJ(i)-CM(i);
    B(2,4,i)=CJ(i);
    B(2,6,i)=CM(i);
    B(3,1,i)=B(2,2,i);
    B(3,2,i)=B(1,1,i);
    B(3,3,i)=B(2,4,i);
    B(3,4,i)=B(1,3,i);
    B(3,5,i)=B(2,6,i);
    B(3,6,i)=B(1,5,i);
end
```

```
for i=1:NE
        for j=1:3
                for k=1:6
                 B(j,k,i)=B(j,k,i)/(2*AE(i));%计算B矩阵
            end
      end
end

%求B的转置BB
for i=1:NE
      BB(:,:,i)=B(:,:,i)';
end

%形成D
D(1,1)=EO/(1-UN^2);
D(1,2)=EO*UN/(1-UN^2);
D(2,1)=D(1,2);
D(2,2)=D(1,1);
D(1,3)=0;
D(2,3)=0;
D(3,1)=0;
D(3,2)=0;
D(3,3)=EO/(2*(1+UN));

%形成S
for i=1:NE
   S(:,:,i)=D*B(:,:,i);
end

%形成单元刚度矩阵KK
for i=1:NE
KK(:,:,i)=BB(:,:,i)*S(:,:,i);
end

%形成总刚度矩阵T
T=zeros(2*NJ,2*NJ);
for i=1:NE
        for I=1:3
                for J=1:2
```

```
                LH=2*(I-1)+J;
                LDH=2*(JM(i,I)-1)+J;
                    for K=1:3
                        for M=1:2
                         L=2*(K-1)+M;
                         LZ=2*(JM(i,K)-1)+M;
                         %LD=LZ-LDH+1;
                         T(LDH,LZ)=T(LDH,LZ)+KK(LH,L);
                    end
                end
            end
        end
end
T=T/2;
%引入载荷
P=zeros(1,NJ2);
for i=1:NPJ
    i1=i+1;
    j=PJ(i1,2);
    P(j)=PJ(i1,1);
end
%将自重载荷加上去
for i=1:NE
    PE(i)=-GAMA*AE(i)*TE/3;
    IE(i)=JM(i,1);
    JE(i)=JM(i,2);
    ME(i)=JM(i,3);
    P(2*IE(i))=P(2*IE(i))+PE(i);
    P(2*JE(i))=P(2*JE(i))+PE(i);
    P(2*ME(i))=P(2*ME(i))+PE(i);
end
P=P';
%引入支撑条件
for i=1:NZ
    MZ=NZC(i);
    T(MZ,:)=0;T(:,MZ)=0;T(MZ,MZ)=1;
    P(MZ)=0;%荷载修改为0;
end
%求解位移
```

```
WY0=inv(T) * P;
U=WY0(1:2:2 * NJ-1)
V=WY0(2:2:2 * NJ)%
fprintf('------位移输出(单位:m)------\n');
fprintf('各节点横向位移分别 U 为:%.5f\n'),disp(U');
fprintf('各节点竖向位移分别 V 为:%.5f\n'),disp(V');
fprintf('------\n');
fprintf('\n');fprintf('\n');
fprintf('------应力输出(单位:MPa)------\n');
%求解应力
%从位移 WY0 中取出单元位移 WY
for i=1:NE
%for j=1:1
    for I=1:3
        for J=1:2
            LH=2 * (I-1)+J;
            LDH=2 * (JM(i,I)-1)+J;
            WY(1,LH,i)=WY0(LDH);
        end
    end
end
for i=1:NE
    WY1(:,:,i)=WY(:,:,i)';
end

for i=1:NE
    for I=1:3
        YL(I)=0;
            YL(I)=YL(I)+S(I,:,i) * WY1(:,:,i);
    end
%YL
    SIGx=YL(1);
    SIGy=YL(2);
    TOXY=YL(3);
    PYL=(SIGx+SIGy)/2;
    SIG=(SIGx-SIGy)^2/4+TOXY^2;
    RYL=sqrt(SIG);
    S1=PYL+RYL;
    S2=PYL-RYL;
```

```
    CETA1=TOXY/(SIGy-S2);
if SIGy==S2
        CETA=0;
else
        CETA=90-57.29578*atan(CETA1);
end
S0=[S1 S2 CETA];
fprintf('单元号= %.0f\n',i);fprintf('\n');
fprintf('应力 SIGx,SIGx,TOXY 分别为:%.5f\n'),disp(YL);
fprintf('最大,小主应力 S1,S2 及主平面角 CETA 为:%.5f\n'),disp(S0);
fprintf('------\n');
end
```

第三章　基于 Surfer 软件的三维地质模型构建

三维地质建模(three-dimensional geological modeling)是一个基于数据/信息分析,合成的学科,或者说是一个整合各种学科的学科。所谓三维地质建模，就是运用计算机技术，在三维环境下，将空间信息管理、地质解译、空间分析和预测、地学统计、实体内容分析以及图形可视化等工具结合起来,用于地质研究的一门新技术。简而言之,三维地质建模就是将地质、测井、地球物理资料和各种解释结果或者概念模型综合在一起生成三维定量随机模型。

本章算例以煤矿为例,单独的钻孔资料在 ANSYS 中数据量远远不足以建立煤层面,基于 Surfer 软件平台的 ANSYS 三维地质有限元模型建立,是利用 Surfer 软件的插值功能扩展数据,将扩展数据用于 ANSYS 软件建模,是一种数据处理手段。

第一节　Surfer 软件的功能介绍

Surfer 软件,是美国 Golden Software 公司编制的一款以画三维图(等高线,图形映射三维曲面)的软件。Surfer 软件具有的强大插值功能和绘制图件能力,使它成为用来处理 *XYZ* 数据的首选软件,是地质工作者必备的专业成图软件。可以轻松制作基面图、数据点位图、分类数据图、等值线图、线框图、地形地貌图、趋势图、矢量图以及三维表面图等;提供 11 种数据网格化方法,包含几乎所有流行的数据统计计算方法;提供各种流行图形图像文件格式的输入输出接口以及各大 GIS 软件文件格式的输入输出接口,大大方便了文件和数据的交流和交换;提供新版的脚本编辑引擎,自动化功能得到极大加强。

Surfer 软件的主要功能有以下几个方面：

① 等高线的绘制；

② 在等高线图上加背景地图；

③ 图件白化(blank)；

④ 数据文件统计功能；

⑤ 粘贴和分类粘贴子图；

⑥ 生成向量图；

⑦ 图形输出；

⑧ 辅助功能:如用函数直接作图、标注文字、画简单的图形等。

Surfer 软件的界面非常友好,继承了 Windows 操作系统软件的特点。软件界面的最上方为命令菜单,在命令菜单的下方是命令菜单的快捷键(共两行),左侧的空白区域为目标管理窗口,用来更加方便地管理绘制的各个图形要素,右侧的空白区域为工作区,用来绘制图形,最右侧的一个竖条工具栏是绘图命令的快捷方式。如图 3-1 所示。

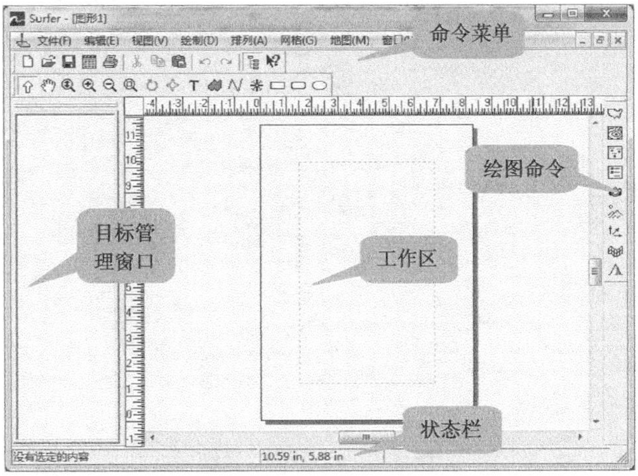

图 3-1　Surfer 软件界面

Surfer 软件常用的数据文件是 ASCII 码(文本)格式的数据。对于地质作图来说，Surfer 软件数据文件常包含四列，分别为测井名列、X 列、Y 列和 Z 列，分别表示 x、y 的坐标及坐标(x,y)处的高程。测井名列在数据输入时可以不考虑在内。

在地质学中，常常需要绘制同一坐标下的多种等值线图，比如底层厚度等值线图、空隙度等值线图、渗透率等值线图等，所以在同一个数据文件中，对于 Z 列这样的等值数据可以有多列，分别依次排列，而不需要建立多个文件。

Surfer 软件常用的 ASCII 码(文本)数据文件的后缀名一般为“*.dat”、“*.txt”，Surfer 软件可以直接对其进行读取。此外，Surfer 软件还可以方便地读取由 Microsoft Office Excel 建立的“*.xls”工作簿文件。值得特别注意的是：因为 Surfer 软件不能良好地支持中文，当一个 Excel 工作簿文件里包含多个工作表，且每个工作表里都有数据时，不能用中文给 Excel 工作表命名，否则 Surfer 软件在读取数据时会出错。

第二节　初始地质数据的处理

此次模拟建模地区查明分布有 $5^{\#}$ 煤和 $10^{\#}$ 煤两个煤层。$5^{\#}$ 煤的见煤深度为 220.38～575.85 m，煤层厚 1.42～6.13 m。$10^{\#}$ 煤见煤深度为 233.72～598.25 m，煤层厚 0.35～4.92 m。$5^{\#}$ 煤分布于 $10^{\#}$ 煤上部。在此次勘查中，共布置钻孔 128 个，经过处理，得到各个钻孔的坐标及布置钻孔点的高程，以及每个钻孔中 $5^{\#}$ 煤顶、底板和 $10^{\#}$ 煤顶、底板的高程等数据。根据这些数据，运用 Surfer 软件绘制地表，$5^{\#}$ 煤顶、底板以及 $10^{\#}$ 煤顶、底板的等值线图。基本步骤如下：

(1) 打开 Surfer 8.0 软件，导入钻孔分层数据。操作步骤为 Surfer 8.0 主菜单：网格(G)＞数据(D)，打开数据文件，如图 3-2 所示。

(2) 网格化数据，根据需要设定网格线索几何学参数。本次插值：X 方向为 100 个数据，Y 方向为 60 个数据，如图 3-3(a)所示，然后点击确认，创建“*.grd”网格文件，如图 3-3(b) 所示。

(3) 根据生成的网格文件，绘制等值线图。操作步骤为 Surfer 8.0 主菜单：地图(M)＞

(a) (b)

图 3-2 打开数据文件

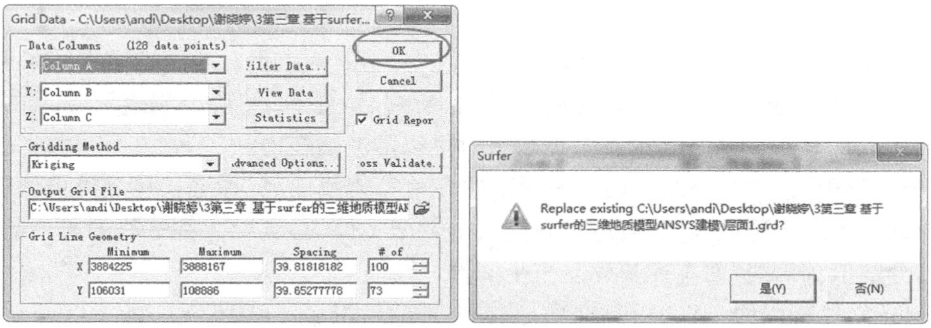

(a) (b)

图 3-3 数据网格化

(a) 设定网格线索几何学参数;(b) 创建“ * . grd”网格文件

等值线图(C)>新建等值线图(N),打开网格文件,插值后生成等值线图、地质地形图,如图 3-4 所示。

(4) 从插值后的图中提取节点,根据需要设置提取间断。操作步骤为 Surfer 8.0 主菜单:网格(G)>提取(E),本次数据读取区间为 2。如图 3-5 所示。

(5) 提取的数据一般生成 dat 文件,由于该文件中数据之间为空格间隔,在 ANSYS 软件读取中可能出现错误,故需进一步的处理。将提取的“ * . dat”网格数据进行转换,生成“ * . txt”数据文件。打开原始“ * . dat”数据文件—编辑(E)—替换(R),将数据间空格替换为英文的“,”,另存为“ * . txt”文件,如图 3-6 所示。

数据提取后的格式为“. dat”格式,为了方便 ANSYS 软件中的三维建模,利用 Visual Basic 程序语言编制程序,将各个提取的数据分别按下列格式输出到文本文件(. txt)中:

$$\mathrm{K},\ i,\ x,\ y,\ z$$

其中:K 为 ANSYS 软件程序语言中定义关键点的命令;

i 为提取点的编号(从 1 到 1 500);

x,y,z 为提取点的坐标,其中 z 为高程。

即在文本文件(. txt)中得到以下一组数据:

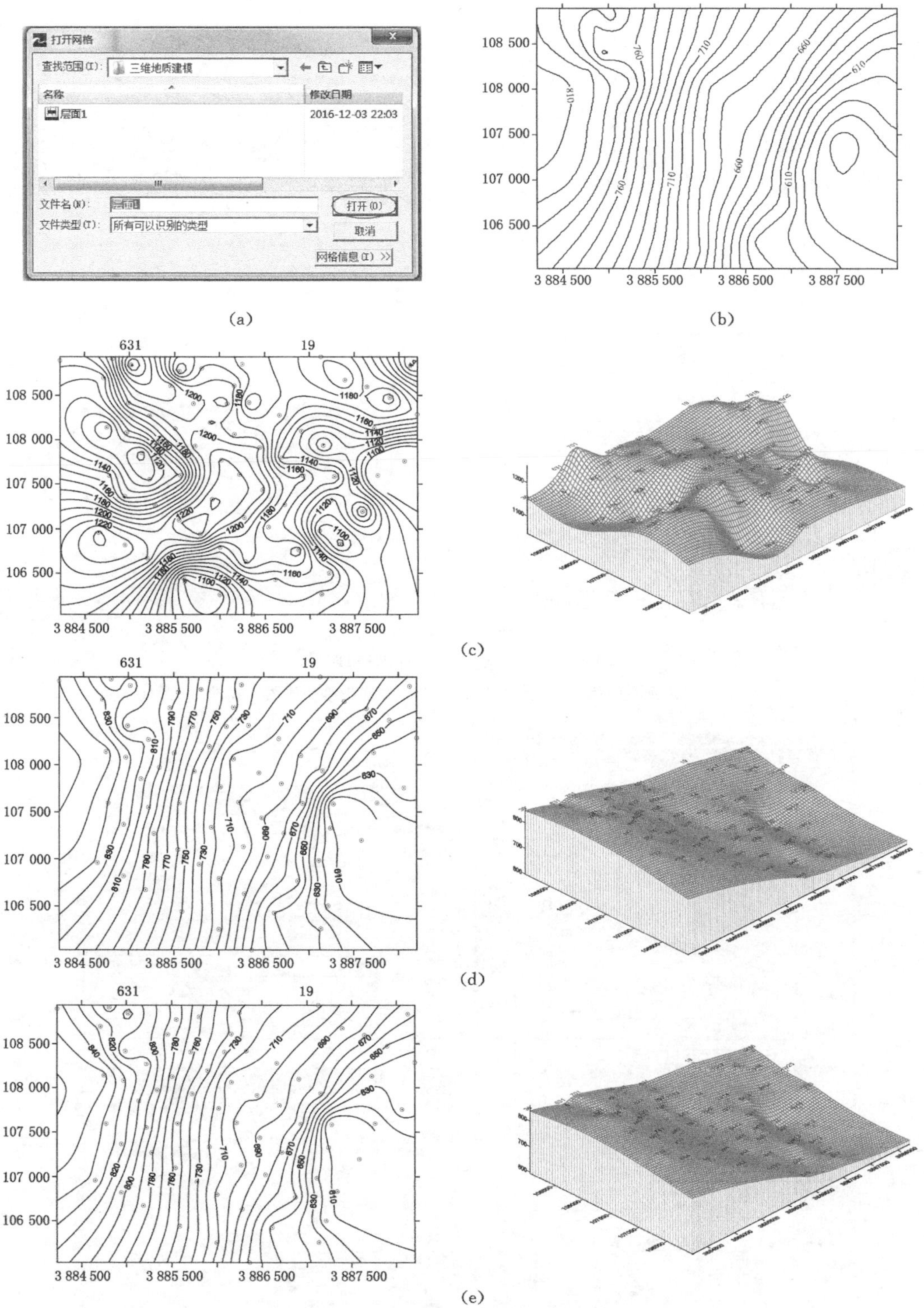

图 3-4　数据插值化后等值线图

(a) 打开“ * . grd”网格文件；(b) 插值后的等值线图；(c) 地表等值线图及线框图；

(d) 5# 煤顶板等值线图及线框图；(e) 5# 煤底板等值线图及线框图

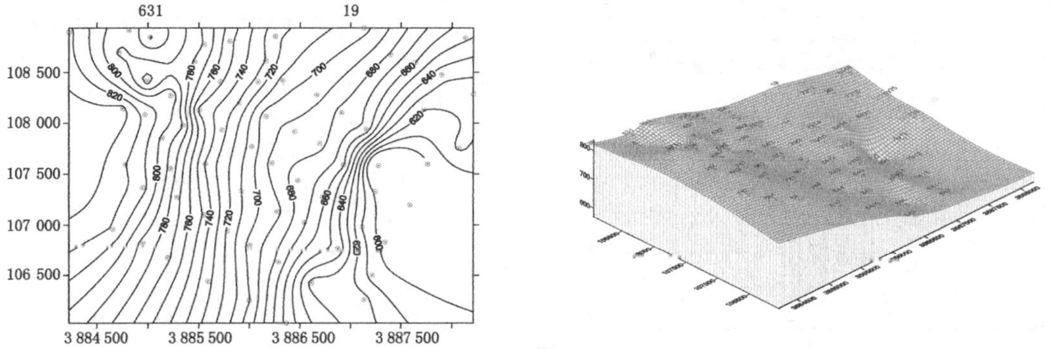

(f)

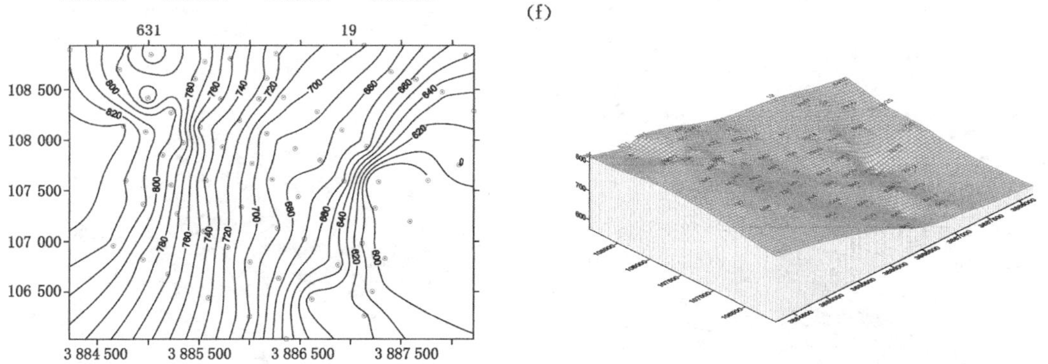

(g)

续图 3-4 数据插值化后等值线图

(f) 10# 煤顶板等值线图及线框图；(g) 10# 煤底板等值线图及线框图

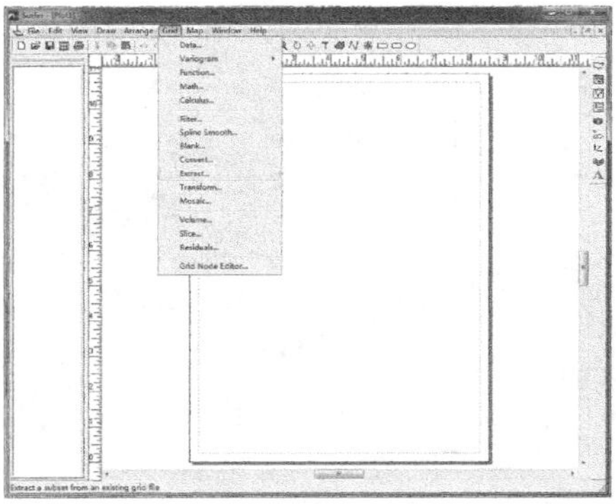

(a)

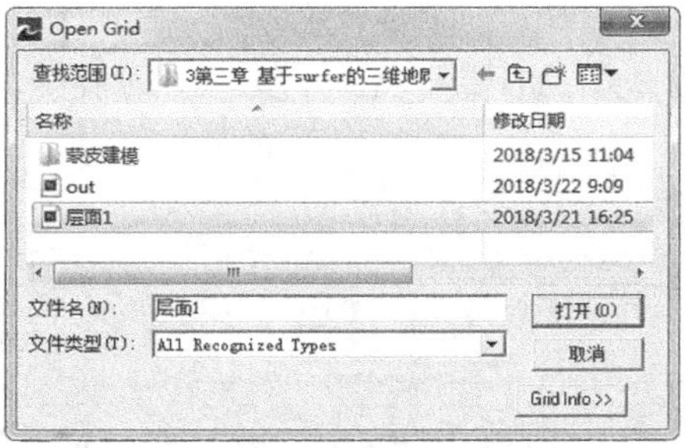

(b)

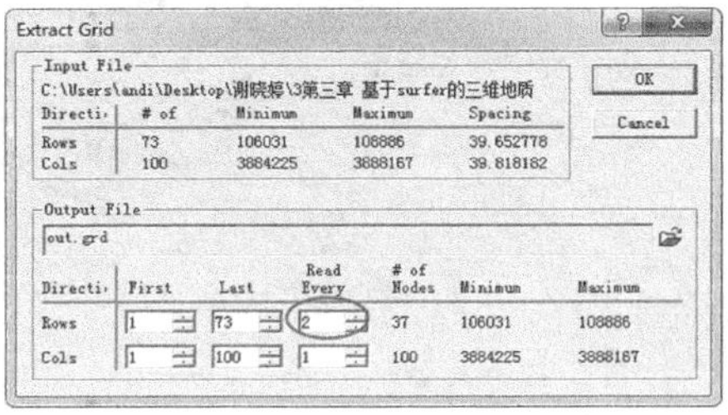

(c)

(d)

图 3-5 提取插值后的数据文件

(a) 提取命令操作；(b) 打开"*.grd"网格文件；(c) 提取数据的读取区间选择；(d) 网格数据的保存类型

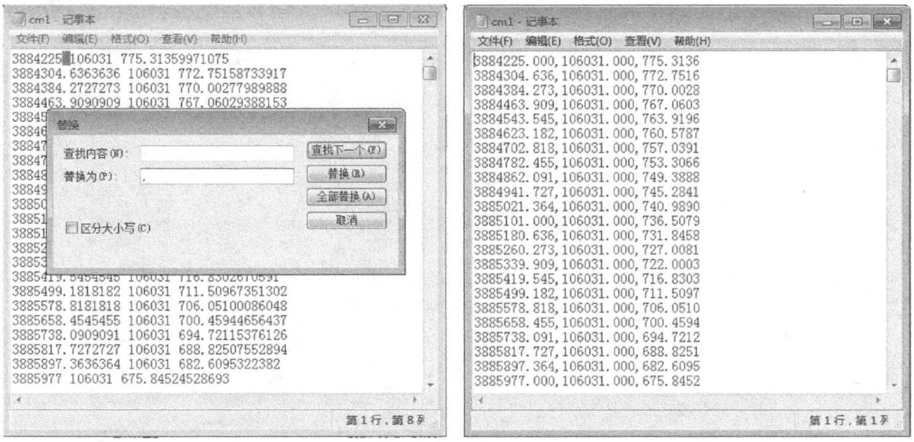

(a)　　　　　　　　　　　　(b)

图 3-6　数据格式转换

(a) 提取的"＊.dat"数据文件；(b) 转换后的"＊.txt"文件

K，1,3 884 225,106 031.3,775.313 6

K，2,3 884 305,106 031.3,772.724 7

K，3,3 884 386,106 031.3,769.944 9

K，4,3 884 466,106 031.3,766.967 6

……

K,1 500,3 888 167,108 886.6,1 099.623

另外，为了方便在 ANSYS 软件求解过程中对模型的底面施加垂直方向的约束，给模型的底部加一层标高为 450 m 的底面。保持前面提取数据中的 1 500 个数据 x，y 坐标不变，将 z 值(即高程)统一设置为 450，这样就可以得到模型底面的一组数据：

K，1,3 884 225,106 031.3,450

K，2,3 884 305,106 031.3,450

K，3,3 884 386,106 031.3,450

K，4,3 884 466,106 031.3,450

……

K,1 500,3 888 167,108 886.6,450

得到这 6 组数据后，将上述 6 组数据按照底面、10# 煤底板、10# 煤顶板、5# 煤底板、5# 煤顶板和地面的顺序统一输出到一个文本文件(.txt)中(图 3-7)，以供 ANSYS 软件建模所用。即可得到下列 9 000 个点的一组数据：

K，1,3 884 225,106 031.3,450

K，2,3 884 305,106 031.3,450

K，3,3 884 386,106 031.3,450

K，4,3 884 466,106 031.3,450

……

K,9 000,3 888 167,108 886.6,1 099.623

在 Surfer 软件中将数据提取后，就可以通过这些数据结合 ANSYS 软件有限元软件中

	A	B	C	D
1	3884225.000	106031.0000	775.31360	
2	3884304.636	106031.0000	772.75159	
3	3884384.273	106031.0000	770.00278	
4	3884463.909	106031.0000	767.06029	
5	3884543.545	106031.0000	763.91956	
6	3884623.182	106031.0000	760.57874	
7	3884702.818	106031.0000	757.03914	
8	3884782.455	106031.0000	753.30664	
9	3884862.091	106031.0000	749.38885	
10	3884941.727	106031.0000	745.28409	
11	3885021.364	106031.0000	740.98899	
12	3885101.000	106031.0000	736.50787	
13	3885180.636	106031.0000	731.84583	
14	3885260.273	106031.0000	727.00810	
15	3885339.909	106031.0000	722.00029	
16	3885419.545	106031.0000	716.83027	
17	3885499.182	106031.0000	711.50967	
18	3885578.818	106031.0000	706.05100	
19	3885658.455	106031.0000	700.45945	
20	3885738.091	106031.0000	694.72115	

	A	B	C	D
1	3884225.000	106031.0000	450.00000	
2	3884304.636	106031.0000	450.00000	
3	3884384.273	106031.0000	450.00000	
4	3884463.909	106031.0000	450.00000	
5	3884543.545	106031.0000	450.00000	
6	3884623.182	106031.0000	450.00000	
7	3884702.818	106031.0000	450.00000	
8	3884782.455	106031.0000	450.00000	
9	3884862.091	106031.0000	450.00000	
10	3884941.727	106031.0000	450.00000	
11	3885021.364	106031.0000	450.00000	
12	3885101.000	106031.0000	450.00000	
13	3885180.636	106031.0000	450.00000	
14	3885260.273	106031.0000	450.00000	
15	3885339.909	106031.0000	450.00000	
16	3885419.545	106031.0000	450.00000	
17	3885499.182	106031.0000	450.00000	
18	3885578.818	106031.0000	450.00000	
19	3885658.455	106031.0000	450.00000	
20	3885738.091	106031.0000	450.00000	

图 3-7　基准底面数据文件

的相关命令进行三维地质有限元模型的建立。

第三节　三维地质模型建立

模型的建立是对煤层开挖进行模拟的基础。模型对地质实体的仿真程度，直接影响模拟煤层开挖并进行分析的精度和结果的可靠性。ANSYS 软件中常用的模型生成方法为实体建模和直接生成。实体建模指的是应用 ANSYS 软件操作建立实体，描述模型的几何边界，建立对单元大小及形状的控制，然后令 ANSYS 程序自动生成所有的节点和单元模型的生成方法。直接生成的方法，必须在定义 ANSYS 软件实体模型之前，确定每一个节点的位置，以及单元的大小、形状和连接。对三维实体模型来说，实体建模是合适的，对于简单的或小型的模型，应用直接建模更为方便。

建模前先假设场地内无构造活动的影响，原岩地应力为大地静力场型。岩层与煤层之间为整合接触，岩层内部为连续介质，由于采矿冲水、强排水等条件较为复杂，因此模型中不考虑地下水活动的影响。岩土层和煤层均按实际钻探揭露的岩土层布置，地面为自由边界，模型四周边界均施加水平约束，底边界均施加垂直约束。由于岩体及其结构的复杂性，模型在设计时进行了必要的简化，突出了影响地表沉降破坏的主要因素，力求能基本体现出煤层开采前后岩层移动的变化情况及地表沉降和应力分布情况。

ANSYS 软件提供多种方式供用户完成分析任务，由于此模型的单元、节点比较多，计算时间长，所以在建模分析的过程中，主要使用命令流来完成相关操作。

模型总共分 5 层，从下到上依次为：① 围岩；② 10# 煤；③ 围岩；④ 5# 煤；⑤ 围岩（上部为地表）。其结构如图 3-8 所示。

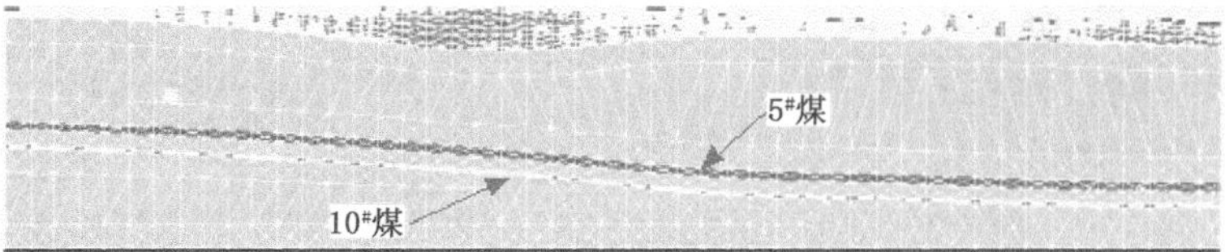

图 3-8　模型结构图

具体步骤如下：

(1) 打开 ANSYS 12.0 软件的 Mechanical APDL Product Launcher 程序，进入 ANSYS 12.0 软件的初始进入界面，设置保存目录“Working Directory”及名称“Job Name”，点击“Run”按钮，运行软件，如图 3-9 所示。

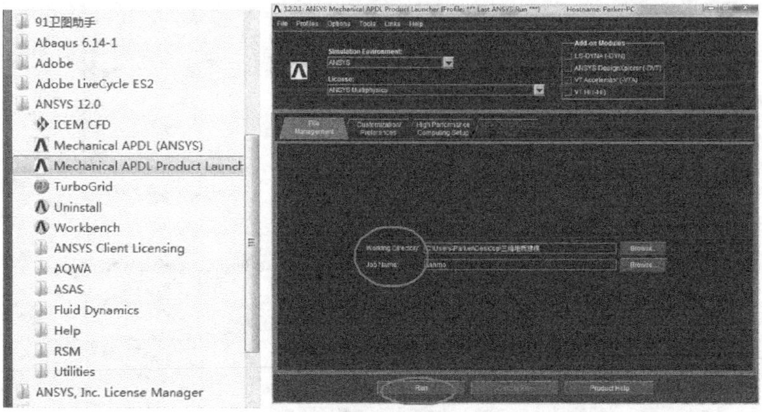

图 3-9　ANSYS 12.0 软件的进入界面

(2) 背景颜色设置，将背景颜色由黑色设置为白色。操作步骤：PlotCtrls>Style>colors>Reverse Video，如图 3-10 所示。

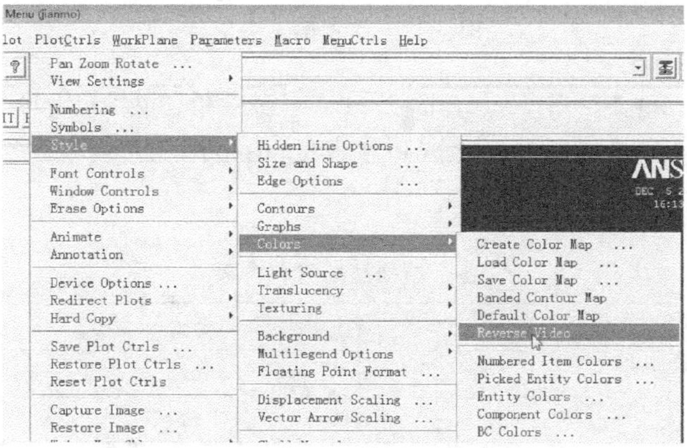

图 3-10　背景颜色设置

(3) 菜单过滤设置。本算例的模型分析为结构分析，需在主菜单中的 Preference 下进行设置，如图 3-11 所示。

(4) 设定单元类型。操作步骤：Main Menu>Preprocessor>Element Type>Add/Edit/ Delete >Add>Solid>Brick 8node 45，即单元类型为 8 节点的实体单元，如图 3-12 所示。

(5) 输入材料属性。操作步骤：① 输入材料的弹性模量和泊松比值：Main Menu>Preprocessor >Material Props>Material Models>Material Model Number 1 >Structural>Linear>Elastec>Isotropic，其中“EX”为弹性模量，单位为 Pa，“PRXY”为泊松比，如图 3-13(a)所示；② 输入材料的密度值：Preprocessor >Material Props>Material Models>

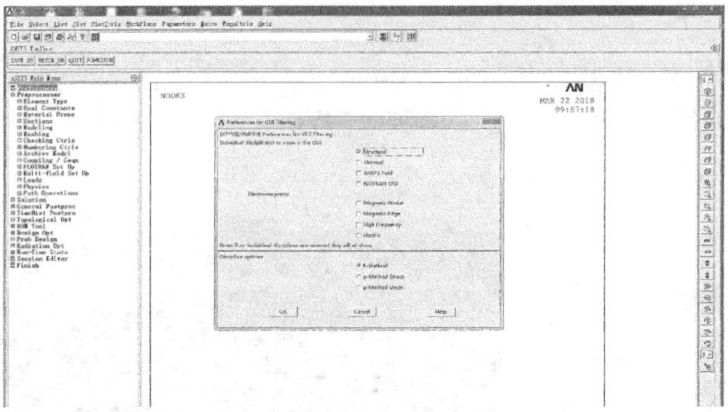

图 3-11　分析类型选择

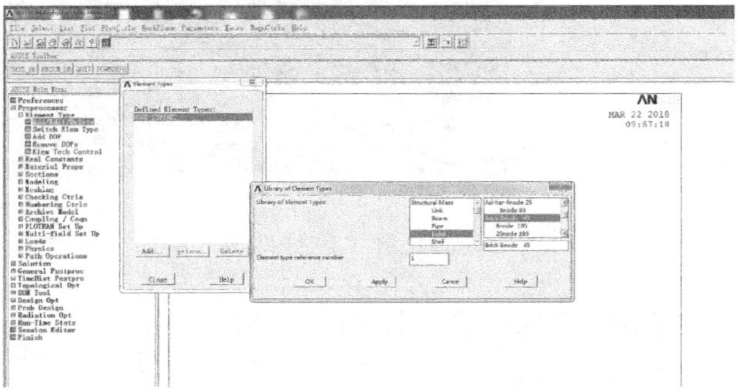

图 3-12　设置单元类型

Material Model Number 1> Structural>Density，密度单位为 kg/m³，如图 3-13(b)所示。

(6) 依次输入不同层位的材料参数(弹性模量、泊松比和密度)，各个结构层的材料参数如表 3-1 所列。

表 3-1　　各个结构层的材料参数

名称	弹性模量/Pa	泊松比	密度/(kg/m³)
围岩	1.5×10^{10}	0.24	2 200
煤	1.2×10^{10}	0.35	1 270

依次输入材料参数时，需增加材料的模型数目，即在定义材料模量界面“Define Material Model Behavior”中的输入，Material>New Model>Define Material ID，如图 3-14 所示。然后重复第 5 个步骤的操作，输入各个参数。

定义单元属性和材料特性的命令流如下：

```
et,1,solid45                   ！设置单元类型
MPTEMP,,,,,,,,
MPTEMP,1,0
mp,ex,1,15e9                   ！定义围岩的弹性模量
mp,prxy,1,0.24                 ！定义围岩的泊松比
mp,dens,1,2200                 ！定义围岩的密度
```

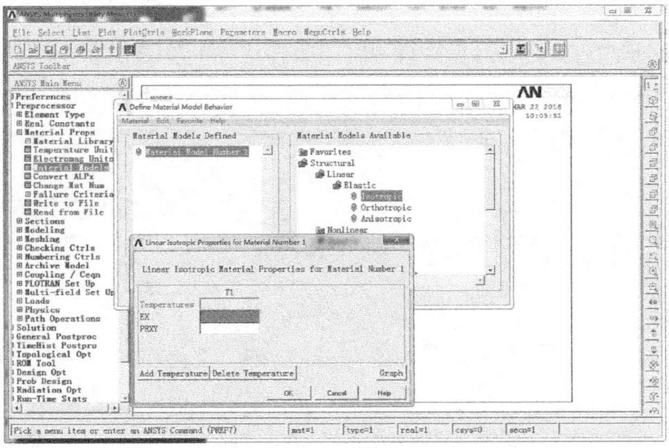

(a)

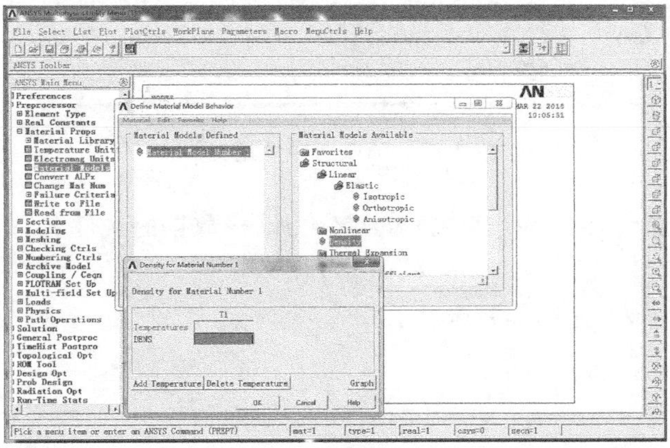

(b)

图 3-13　输入材料的参数

(a) 输入材料的弹性模量和泊松比;(b) 输入材料的密度

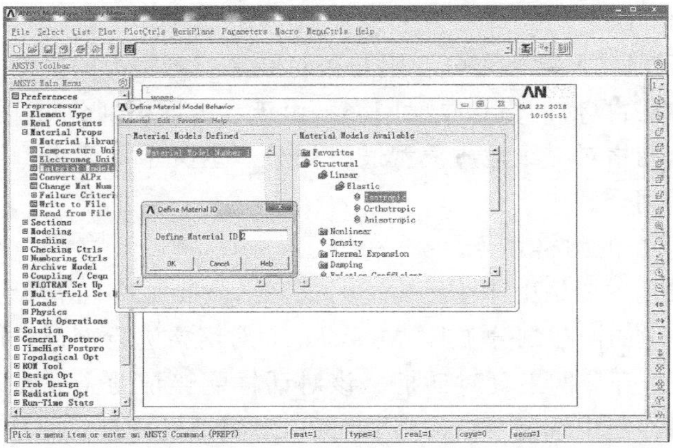

图 3-14　增加材料类型

```
mp,ex,2,12e9                 ! 定义煤层的弹性模量
mp,prxy,2,0.35               ! 定义煤层的泊松比
mp,dens,2,1270               ! 定义煤层的密度
```

(7) 读入处理后的网格数据文件,为了便于网格数据点的读入,编写了数据读入的命令流,使用中仅需改变读取数据的文件名即可。操作步骤为 ANSYS 软件的菜单栏:File > Read Input from,选择"duqu"文件。如图 3-15 所示。

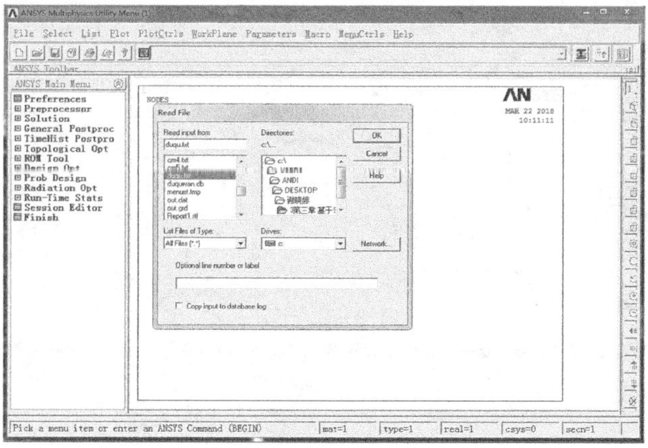

图 3-15 读取网格数据文件

(8) 读入数据点的命令流为(其中加粗部分为网格数据的文件名);

```
*dim,aa,,1500,3
*vread,aa,cm0,txt,,jik,3,1500
(3f40.13)
/prep7
*do,i,1,1500,1
n,,aa(i,1),aa(i,2),aa(i,3)
*enddo
```

(9) 依次读入各层的网格数据的节点坐标,当出现验证(Verify)窗口时,点击"Yes",如图 3-16 所示。

(10) 生成有限元网格。网格划分合理与否对结果有着很大的影响。ANSYS 软件通常采用两种网格划分方法:自由网格和映射网格。由于自由网格划分对实体形状无特殊要求,所以本实例采用自由网格对三维地质模型进行划分。定义了单元类型和材料属性后,就可对三维模型进行网格划分。

① 关键点建成模型的网格划分。

关键点建成的模型主要是由体单元构成的,因此,就要对这些体单元进行网格划分。结合 ANSYS 软件菜单中的网格划分工具"MeshTool"对网格进行剖分,选择主菜单进入前处理,点击"MeshTool"打开分网工具对话框。该对话框能够帮助完成大部分分网工作,在分网工具对话框的分网控制中选择自由网格,就可以对模型进行自由网格剖分。

关键点是实体建模的基础,自底向上建模首先要创建关键点,然后利用关键点连接为线、面和体,其中线以关键点为端点,面以线为边界,体以面为边界。由于此模型是由六面体单元组成,所以每个体就包括 8 个关键点。在三维中创建关键点的命令流形式为:

$$K, NPT, X, Y, Z$$

其中:K 为创建关键点的命令;NPT 为关键点号;X,Y,Z 为关键点坐标。

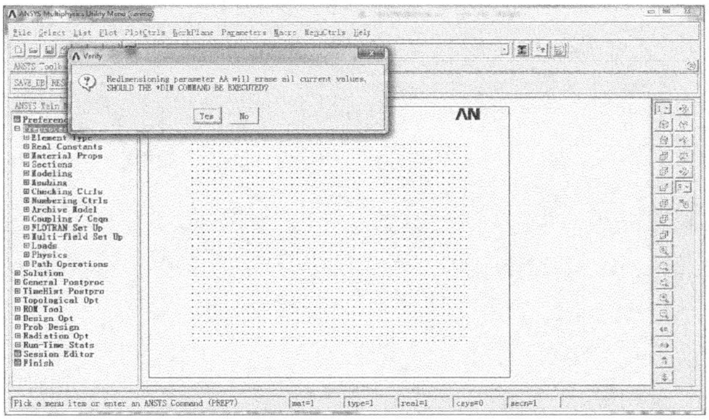

(a)

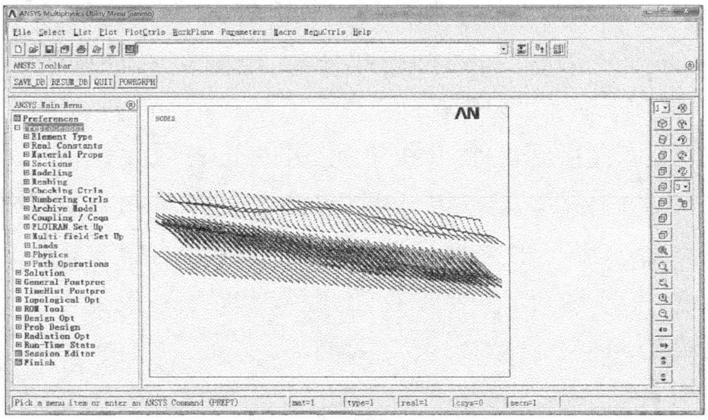

(b)

图 3-16　读取网格数据文件

(a) 读取数据验证问题；(b) ANSYS 软件中的点数据

由关键点创建六面体单元的命令流形式为：

E,P1,P2,P3,P4,P5,P6,P7,P8

其中:E 为创建体单元的命令,P1,P2,P3,P4,P5,P6,P7,P8 分别为六面体的 8 个顶点。

使用关键点建立三维地质模型的命令流如下所示：

```
/PREP7
K,1,3884225,106031.3,450
K,2,3884305,106031.3,450
K,3,3884386,106031.3,450
……
K,8999,3888086,108886.6,1106.364
K,9000,3888167,108886.6,1099.623

 *DO,J,1,29,1
 *DO,I,1,49,1
E,(J-1)*50+I,(J-1)*50+I+1,J*50+I+1,J*50+I,1500+(J-1)*50+I,
1500+(J-1)*50+I+1,1500+J*50+I+1,1500+J*50+I
 *ENDDO
```

```
*ENDDO

*DO,J,1,29,1
*DO,I,1,49,1
E,(J-1)*50+I+1500,(J-1)*50+I+1+1500,J*50+I+1+1500,J*50+I+1500,3000+(J-1)*50+I,3000+(J-1)*50+I+1,3000+J*50+I+1,3000+J*50+I
*ENDDO
*ENDDO
```

将命令流通过命令输入窗口打开，ANSYS 软件就会根据所输入的命令流自动建立三维有限元模型，在建立六面体的过程中，同时也生成了组成六面体的线和面。

② 使用节点直接生成三维模型网格。

所谓直接生成法，就是直接定义节点和单元，并构造有限元模型的方法。使用直接生成法创建网格时，要对节点和单元事先就很了解，包括节点和单元号及其相应布局。用节点直接创建三维有限元模型命令流与用关键点法创建三维模型的命令相似。在定义节点时只要将关键点命令中的 K 改为 N 即可，在生成有限元模型时将 V 改为 E。生成的有限元模型与使用关键点法创建的模型相似。

定义节点的命令为：

$$\mathrm{N},NPT,X,Y,Z$$

其中：N 为创建节点的命令；NPT 为节点号；X,Y,Z 为节点坐标。

③ 分配材料属性。

由节点直接生成有限元网格后，就可以将定义的材料属性赋予不同的单元。其中代表 5# 煤和 10# 煤的单元赋予第二种材料属性，其他代表围岩的单元赋予第一种材料属性。赋予材料属性可以在用节点生成网格单元的过程中完成，命令流为：

```
*DO,J,1,29,1
*DO,I,1,49,1
TYPE,1                                  ! 选择第一种单元类型
MAT, 1                                  ! 赋予第一种材料类型(围岩)
E,(J-1)*50+I,(J-1)*50+I+1,J*50+I+1,J*50+I,1500+(J-1)*50+I,1500+(J-1)*50+I+1,1500+J*50+I+1,1500+J*50+I
                                        ! 创建单元格
*ENDDO
*ENDDO

*DO,J,1,29,1
*DO,I,1,49,1
TYPE,1                                  ! 选择第一种单元类型
MAT, 2                                  ! 赋予第二种材料类型(10# 煤)
E,(J-1)*50+I+1500,(J-1)*50+I+1+1500,J*50+I+1+1500,J*50+I+
```

1500,3000＋(J－1) * 50＋I,3000＋(J－1) * 50＋I＋1,3000＋J * 50＋I＋1,3000＋J * 50＋I

* ENDDO

* ENDDO

由于篇幅有限,其他命令流略,原理相同。

根据读取的网格数据节点坐标,按照节点编号依次生成 8 节点六面体的实体单元,并赋予不同单元网格的材料属性。由于本模型中节点数量庞大(7 500 个节点),可借助于循环体命令,按节点标号依次生成单元,如图 3-17 所示。

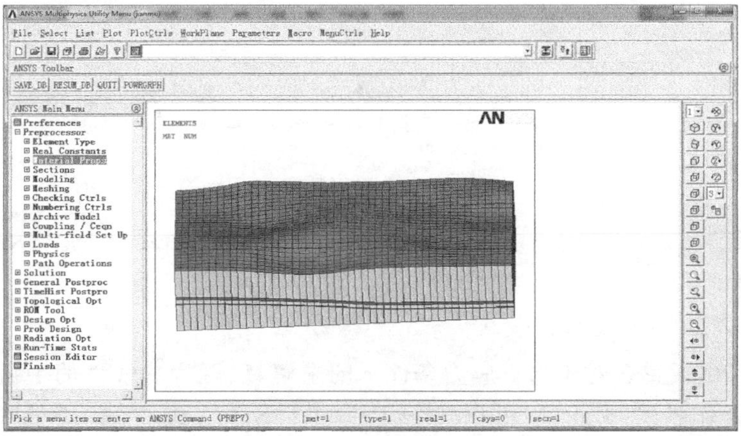

图 3-17　生成的网格模型

第四节　结果与讨论

对建立的三维地质模型,分析在自重应力条件下的应力-应变响应。

(1) 边界条件设置。边界条件假设为:底部完全约束,X 方向没有 X 方向位移,Y 方向没有 Y 方向位移。操作步骤:Main Menu＞Solution＞Define Loads＞Apply＞Structural＞Displacement＞On Nodes。边界约束条件如图 3-18 所示。

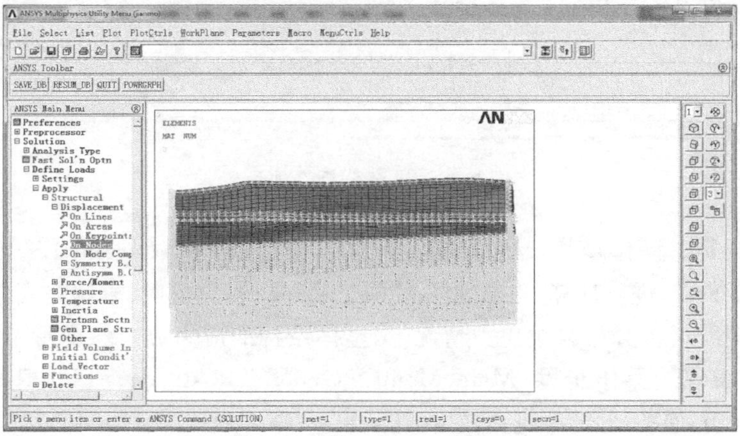

图 3-18　有限元模型边界条件

（2）载荷应力设置。对于三维地质模型，为分析模型在自重条件下的应力-应变行为，则需对模型施加重力加速度，以模拟重力场。操作步骤：Main Menu＞Solution＞Define Loads＞Apply＞Structural＞Inertia＞Gravity＞Global。重力加速度设置为竖直向下的，大小为 10 m/s^2，如图 3-19 所示。

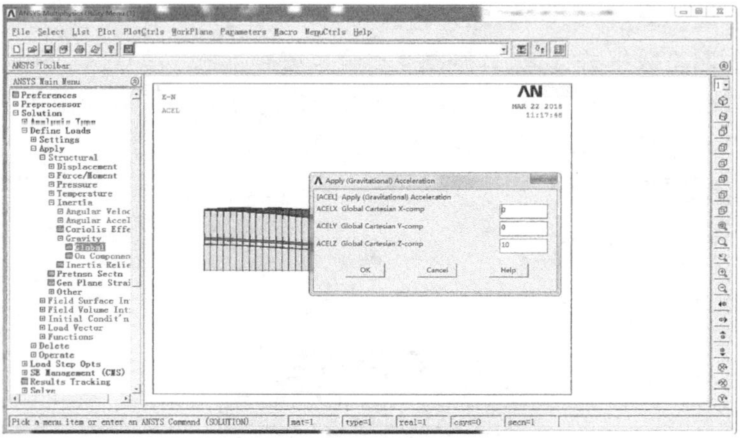

图 3-19　设置重力加速度值

（3）求解条件设置。对于自重应力条件下的求解，设置为非线性的牛顿-拉普森迭代算法求解过程。操作步骤：Main Menu＞Solution＞Analysis Type＞Analysis Options，打开大变形的影响和牛顿-拉普森迭代算法求解，设置完成后，点击“OK”，求解分析设置完成。如图 3-20 所示。

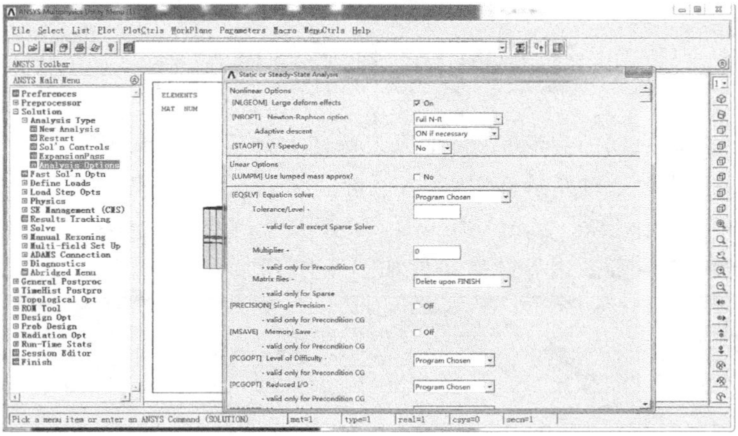

图 3-20　求解分析选项设置

（4）求解计算。操作步骤：Main Menu＞Solution＞Solve＞Current LS，出现判断性选择时，点击“OK”、“Yes”，进行计算，当出现“Solution is down!”界面时，求解完成，如图 3-21 所示。

（5）后处理分析。分析自重应力情况下，整体结构的应力、应变、变形情况，主要是以等值线云图形式表现。操作步骤：Main Menu＞General Postproc＞Plot Results＞Contour Plot＞Nodel Solu，如图 3-22 所示。

（6）计算结果。根据后置处理的分析选项，得到不同条件下的应力、位移等值线云图，

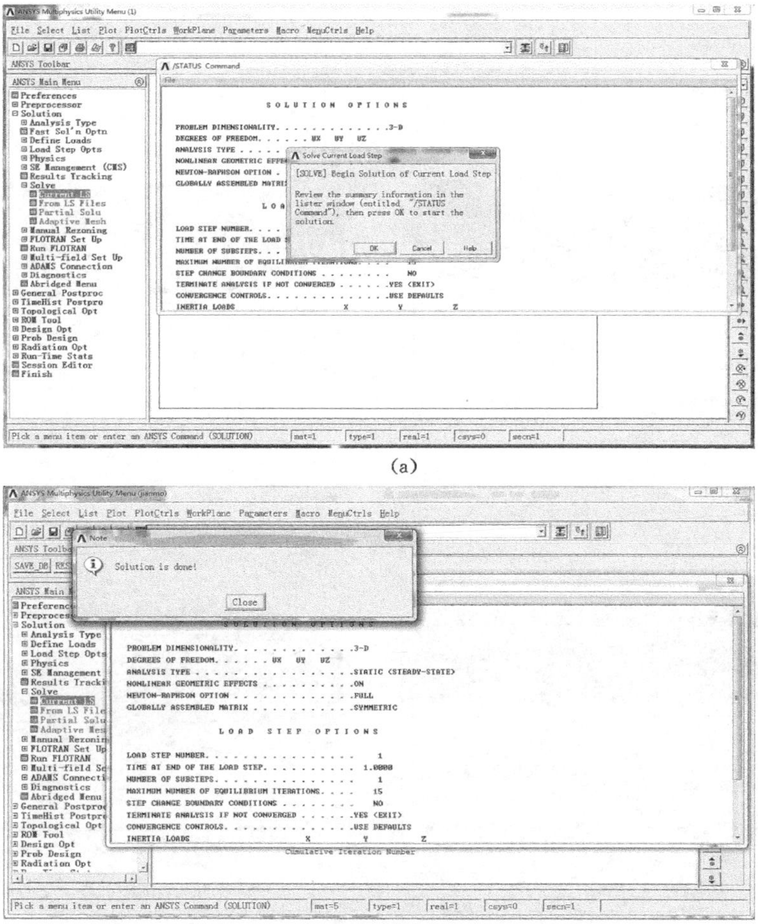

(a)

(b)

图 3-21　有限元计算过程

(a) 求解判断选择；(b) 求解完成

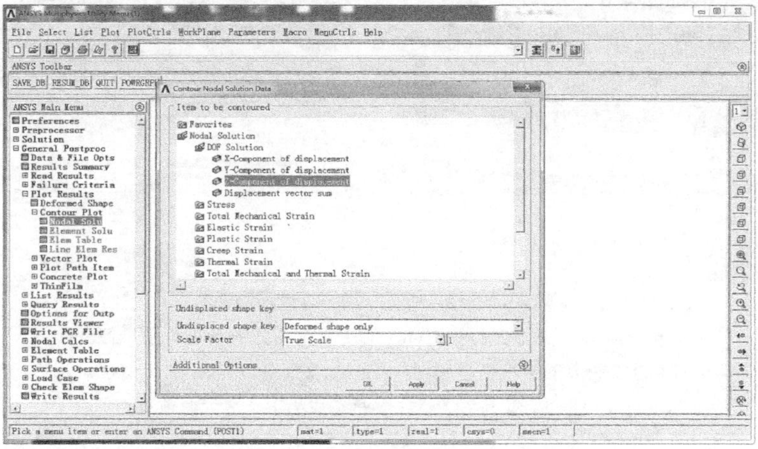

图 3-22　有限元分析后置处理选项

如图 3-23 所示。

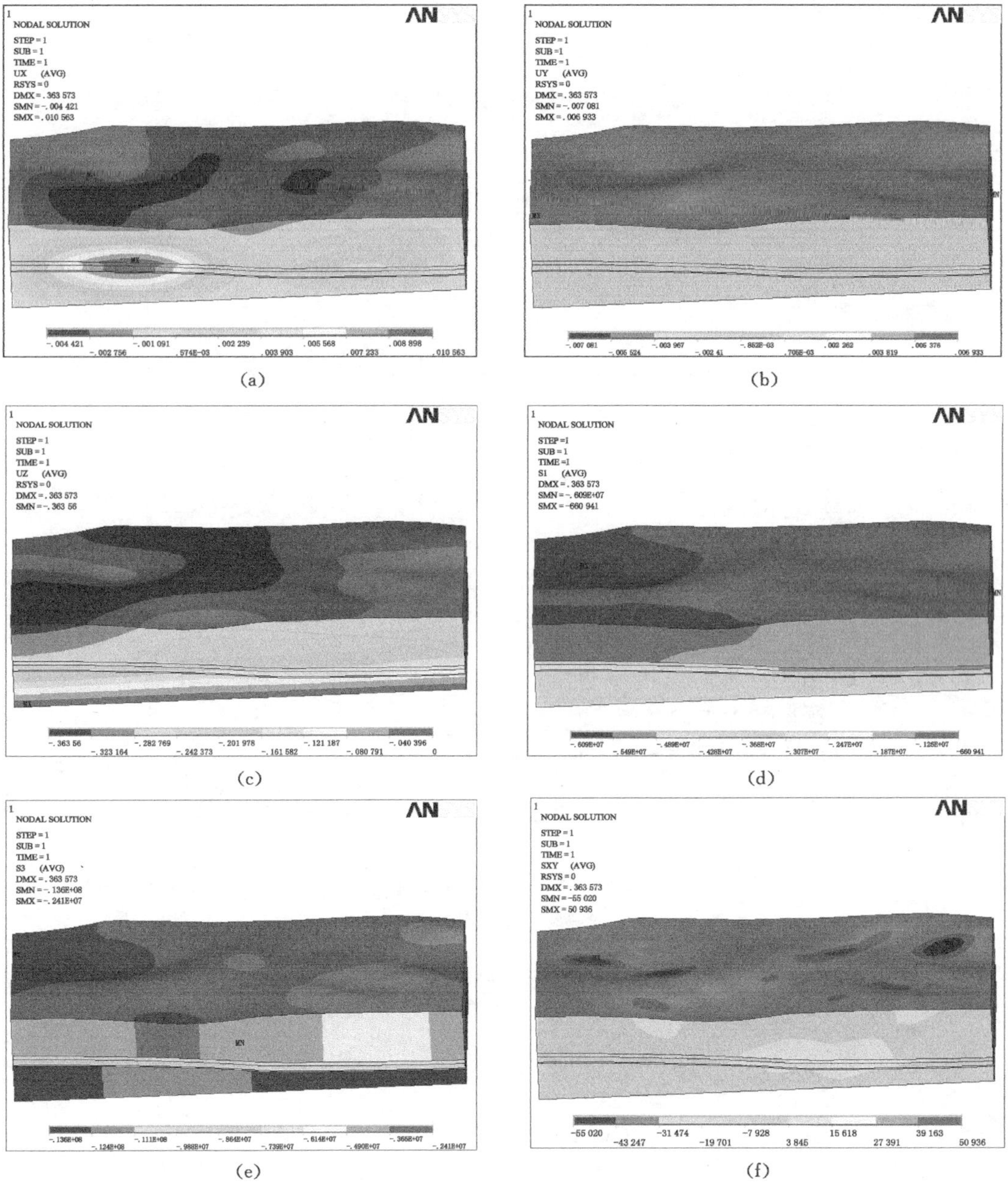

图 3-23　初始应力条件下计算结果

(a) 自重应力下 X 方向位移图(m)；(b) 自重应力下 Y 方向位移图(m)；

(c) 自重应力下 Z 方向位移图(m)；(d) 自重应力下 S_1 应力图(Pa)；

(e) 自重应力下 S_3 应力图(Pa)；(f) 自重应力下 XY 方向剪应力图(Pa)

从求解得到的位移图可以看出，在初始应力条件下 X 方向的最大位移为 0.010 563 m，最小位移为－0.004 421 m。在初始应力条件下 Z 方向的最大位移为－0.040 396 m，最小位移为－0.363 56 m，即在自重条件下，地质体的固结仍未停止，会发生压缩变形，且变形量较大，故在煤层开挖过程中要做好围岩的加固和支护工作。

第五节　数值分析的数据文件

本算例的模型分析，包含了初始地质数据的处理、模型构建、计算及后处理部分。有限元建模、计算、分析过程的代码如下：

(1) 定义参数

```
/NOPR                              ! 菜单过滤设置
/PMETH,OFF,0
KEYW,PR_SET,1
KEYW,PR_STRUC,1                    ! 保留结构分析部分菜单
/COM,
/COM,Preferences for GUI filtering have been set to display:
/COM,  Structural
/PREP7
ET,1,SOLID45                       ! 定义单元类型
MPTEMP,,,,,,,,                     ! 定义中部围岩
MPTEMP,1,0
MPDATA,EX,1,,15E+009               ! 围岩的弹性模量
MPDATA,PRXY,1,,0.24                ! 围岩的泊松比
MPTEMP,,,,,,,,
MPTEMP,1,0
MPDATA,DENS,1,,2200                ! 围岩的密度
MPTEMP,,,,,,,,                     ! 定义煤层
MPTEMP,1,0
MPDATA,EX,2,,12e9                  ! 煤层的弹性模量
MPDATA,PRXY,2,,0.35                ! 煤层的泊松比
MPTEMP,,,,,,,,
MPTEMP,1,0
MPDATA,DENS,2,,1270                ! 煤层的密度
```

(2) 依次读入各层的网格数据

```
/prep7
*do,i,1,1500,1
n,,aa(i,1),aa(i,2),aa(i,3)
*enddo
*dim,aa,,1500,3
*vread,aa,cm0,txt,,jik,3,1500      ! 黑体字为网格数据的名字
(3f40.13)
```

(3) 采用DO循环命令建立单元模型并赋予材料属性

```
*DO,J,1,29,1
*DO,I,1,49,1
TYPE,1
MAT,1
E,(J-1)*50+I,(J-1)*50+I+1,J*50+I+1,J*50+I,1500+(J-1)*50+I,
1500+(J-1)*50+I+1,1500+J*50+I+1,1500+J*50+I
*ENDDO
*ENDDO

*DO,J,1,29,1
*DO,I,1,49,1
TYPE,1
MAT,2
E,(J-1)*50+I+1500,(J-1)*50+I+1+1500,J*50+I+1+1500,J*50+I+
1500,3000+(J-1)*50+I,3000+(J-1)*50+I+1,3000+J*50+I+1,3000+J*50
+I
*ENDDO
*ENDDO

*DO,J,1,29,1
*DO,I,1,49,1
TYPE,1
MAT,1
E,(J-1)*50+I+3000,(J-1)*50+I+1+3000,J*50+I+1+3000,J*50+I+
3000,4500+(J-1)*50+I,4500+(J-1)*50+I+1,4500+J*50+I+1,4500+J*50
+I
*ENDDO
*ENDDO

*DO,J,1,29,1
*DO,I,1,49,1
TYPE,1
MAT,2
E,(J-1)*50+I+4500,(J-1)*50+I+1+4500,J*50+I+1+4500,J*50+I+
4500,6000+(J-1)*50+I,6000+(J-1)*50+I+1,6000+J*50+I+1,6000+J*50
+I
*ENDDO
*ENDDO
```

```
*DO,J,1,29,1
*DO,I,1,49,1

TYPE,1
MAT,1
E,(J-1)*50+I+6000,(J-1)*50+I+1+6000,J*50+I+1+6000,J*50+I+6000,7500+(J-1)*50+I,7500+(J-1)*50+I+1,7500+J*50+I+1,7500+J*50+I
*ENDDO
*ENDDO
```

(4) 计算有限元模型

```
/SOL
NLGEOM,1
NROPT,FULL,,
STAOPT,DEFA
LUMPM,0
EQSLV,,,0,,DELE
PRECISION,0
MSAVE,0
PCGOPT,0,,AUTO,,,AUTO
PIVCHECK,1
SSTIF
PSTRES
TOFFST,0,
NSEL,S,LOC,Z,450
FLST,2,1500,1,ORDE,2
FITEM,2,1
FITEM,2,-1500
/GO
D,P51X,,,,,,ALL,,,,,
NSEL,S,LOC,X,3884224.000,3884226.000
NSEL,A,LOC,X,3888127,3888128
FLST,2,360,1,ORDE,360
/GO
D,P51X,,,,,,UX,,,,,
NSEL,S,LOC,Y,108837,108838
NSEL,A,LOC,Y,106030,106032
FLST,2,600,1,ORDE,14
/GO
```

```
D,P51X, , , , , ,UY, , , , ,
ALLSEL,ALL
ACEL,0,0,10,
SOLVE
ALLSEL,ALL
FINISH
```

(5) 有限元模型后置处理过程

```
/POST1
PLDISP,1                    ! 绘制变形图
PLNSOL,U,X,0,1              ! X 方向位移
PLNSOL,U,Y,0,1              ! Y 方向位移
PLNSOL,S,X,0,1              ! X 方向应力
PLNSOL,S,Y,0,1              ! Y 方向应力
PLNSOL,S,1,0,1              ! 第一主应力
PLNSOL,S,3,0,1              ! 第三主应力
PLNSOL,S,EQV,0,1            ! 等效应力
```

第四章　隧道开挖施工过程的数值分析

隧道围岩具有非均质、非连续、非线性以及复杂的加卸载条件和边界条件等特点，这使得隧道工程力学问题通常无法用解析方法简单求解。相比之下，数值分析方法具有较广泛的适用性，它不仅能够模拟岩体复杂的力学结构特征，也可很方便地分析各种边值问题和施工过程，并对工程进行预测。因此，数值分析方法是解决隧道及地下工程问题的有效工具之一。

第一节　问题描述

在包括隧道在内的地下工程中有两大理论体系，一种理论是20世纪20年代提出的“松弛荷载理论”，其核心内容是：稳定的岩体有自稳能力，对隧道不产生荷载；不稳定的岩体则可能产生坍塌，需要支护，作用在支护结构上的荷载就是由于松弛并可能塌落的岩土体重力。这一理论体系的代表人物有美国的泰沙基(K. Terzaghi)和俄国的普洛托季雅可诺夫等专家。它类似于地面建筑工程考虑问题的思路，至今仍被广泛应用。

另一种理论是20世纪50年代提出的“现代支护理论”，其核心内容是：岩体自身有承载自稳能力，围岩失稳有一个过程，如果在适当的时候提供给围岩必要的支护，则围岩仍能保持稳定。这种理论体系的代表人物有腊布希维兹(K. V Rabcewicz)、米勒-菲切尔(Miller-Fecher)和卡斯特奈(H. Kastner)等学者。

根据“现代支护理论”，公路隧道中的围岩既是荷载，又是结构。这一理论已经脱离了地面建筑工程考虑问题的思路，而更加接近于地下工程建设的实际情况，半个世纪以来已经被广泛认可及推广应用，具有十分广阔的发展前景。

显然，“松弛荷载理论”注重结果和对结果的处理，而“现代支护理论”注重过程和对过程的控制，即强调对围岩自承能力进行充分保护和利用。两大理论在原理和方法上有着不同的特点，前者对应荷载结构法，后者对应地层结构法，不同理论与方法导致围岩的开挖方法与结构的支护参数差异显著。

隧道工程的核心工序是开挖和支护。即如何开挖才能有利于围岩的稳定和便于支护，如何支护才能更有效地保证隧道稳定和便于开挖，这是隧道工程设计与施工中两个相互促进又相互制约的问题。

第二节　工程概况

一、地形地质条件

某高速公路隧道位于山岭地区，设计为上、下行独立的两座隧道，左线长2 000 m，右线长 2 030 m,进口接线半径为 1 000 m,出口接线半径为 2 000 m,洞内为直线段,设计纵坡为 2%。按照公路隧道设计规范,此隧道属于长隧道。隧道区地下水埋藏较深,洞体范围内无地下水分布。

本隧道所处的地质条件比较差,从洞口的Ⅱ类到洞口的Ⅳ类,特别是Ⅱ类和Ⅲ类围岩的自稳性较弱,因此对初期支护的设计要求较高。其隧道的埋深为 20～100 m,埋深 30 m 以下部分为Ⅱ类,长 300 m/进口;埋深 50 m 以下为Ⅲ类围岩,长 400 m/进口;埋深 50 m 以上的为Ⅳ类围岩,长 1 000 m。进出口地形为偏压状,其偏压坡度为 30°,埋深最小的隧道一侧的埋深为 10 m,而较大的一侧的埋深为 28 m。

二、设计技术标准

本隧道设计采用高速公路山岭区标准,根据《公路工程技术标准》和《公路隧道设计规范》的规定,分上、下行分离的两座独立隧道,采用主要标准如下:

设计车辆载荷:汽车,超 20 级;挂车,120 级。

设计车速:80 km/h。

地震基本烈度:Ⅵ度。

隧道建筑界限:9.75 m×5.0 m。

行车方式:双向隧道,单向行驶。

卫生标准:CO 的长期允许浓度:0.015%。

烟尘长期允许浓度:0.007 5 m^{-1}。

车行横洞建筑界限:4.5 m×5.0 m。

人行横洞建筑界限:2.0 m× 2.5 m。

三、隧道横断面设计

根据《公路隧道设计规范》,隧道建筑界限净高 5.0 m,净宽 10.5 m,其中行车道宽 2×3.75 m,行车道两侧设 0.5 m 的路缘带及 0.25 m 的余宽,隧道内行车方向的左侧设 0.75 m 宽的检修道,高于路面 0.25 m。隧道内轮廓断面如图 4-1 所示。

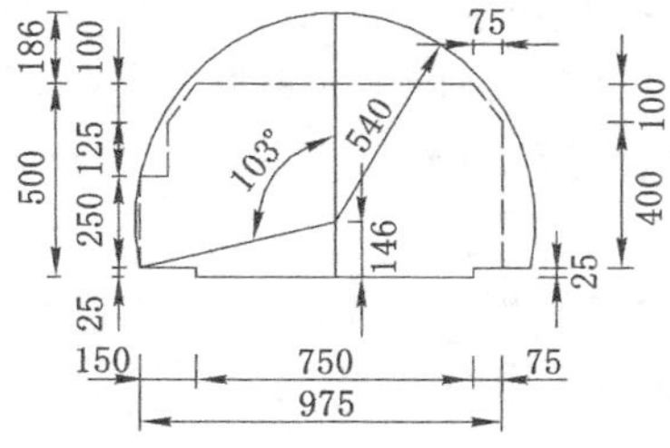

图 4-1　隧道内轮廓断面(cm)

隧道洞口采用 C25 钢筋混凝土模筑衬砌,洞身采用曲墙复合式衬砌并根据具体情况采用锚喷网措施。初期支护和二次衬砌设计参数列于表 4-1 中。根据计算结果进行二次衬砌配筋计算。

表 4-1　　初期支护和二次衬砌设计参数

围岩类型	初期支护		
	喷射混凝土	中空注浆型锚杆	钢筋网
Ⅱ	C20,厚度 25 cm	直径 25 cm,长度 3.5 m@1.0 m	直径 8 mm,间距 25 cm×25 cm
Ⅲ	C20,厚度 20 cm	直径 25 cm,长度 3.0 m@1.0 m	直径 8 mm,间距 25 cm×25 cm
Ⅳ	C20,厚度 15 cm	直径 25 cm,长度 2.5 m@1.0 m	直径 8 mm,间距 25 cm×25 cm

围岩类型	二次衬砌		初期支护
	模筑混凝土	钢筋配置	钢拱架
Ⅱ	C30,厚度 50 cm,带仰拱	经结构设计后确定	14# 工字钢,间距 1.0 m
Ⅲ	C30,厚度 40 cm,带仰拱	经结构设计后确定	14# 工字钢,间距 1.2 m
Ⅳ	C30,厚度 35 cm,不带仰拱	按照规范配构造钢筋	无

四、主要施工方法

该高速公路隧道施工方法和顺序如图 4-2～图 4-4 所示。其中的数字表示隧道在施工时围岩的开挖和支护顺序。

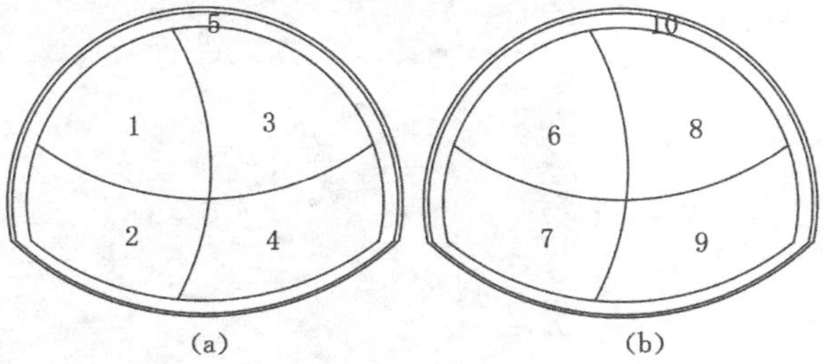

图 4-2　(Ⅱ类围岩)CRD 法开挖示意图

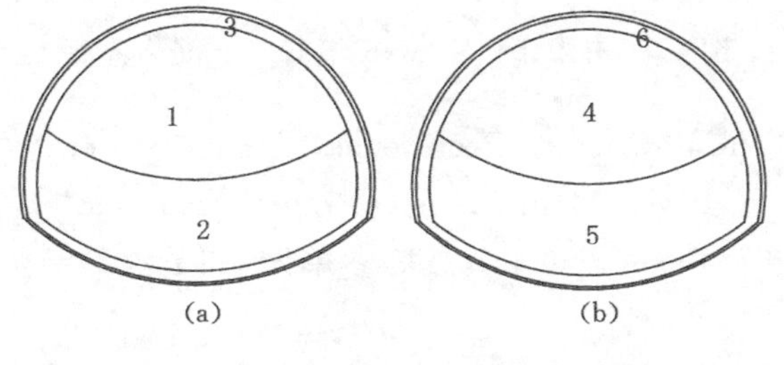

图 4-3　(Ⅲ类围岩)上下台阶开挖示意图

Ⅱ类围岩:宜采用左右导坑加上下台阶的方法,其施工开挖步骤如图 4-2 所示。

Ⅲ类围岩:宜采用上下台阶的方法,其施工开挖步骤如图 4-3 所示。

Ⅳ类围岩:宜采用全断面开挖法,其施工开挖步骤如图 4-4 所示。

对于高速公路隧道,当地形在洞口地段出现偏压情况时,由于洞口地段地质条件都比较差,故采用 CRD 法进行施工。由于地形偏压出现了一个施工问题:是先开挖埋深小一侧的隧道还是埋深大一侧的隧道呢?所以进行先左洞再右洞和先右洞再左洞这两种不同开挖顺

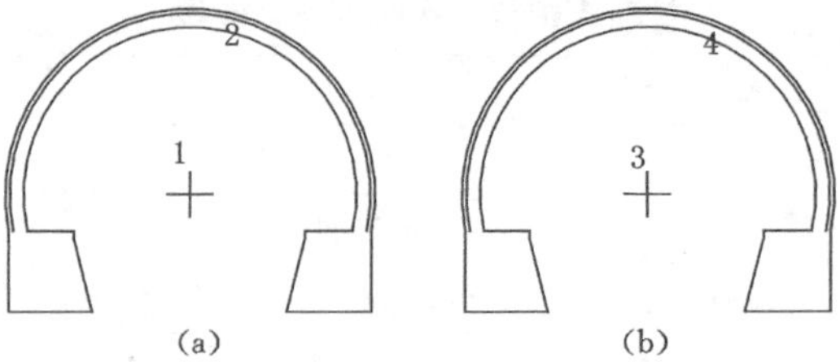

图 4-4 （Ⅳ类围岩）全断面开挖示意图

序的数值模拟分析，来确定具体的施工顺序。

第三节 隧道模型构建

(1) 打开 ANSYS 12.0 软件的 Mechanical APDL Product Launcher 程序，进入 ANSYS 12.0 软件初始进入界面，设置保存目录“Working Directory”及名称“Job Name”，点击“Run”按钮，运行软件。如图 4-5 所示。

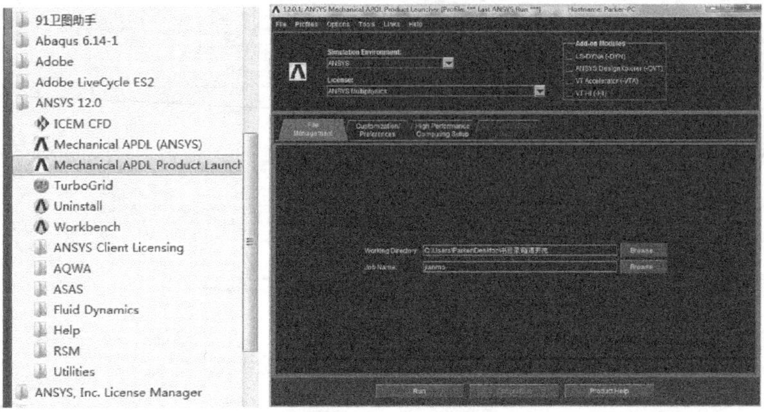

图 4-5 有限元软件 ANSYS 12.0 的进入界面

(2) 设置分析类型。Main Menu＞Preference，设置为“Structure”，如图 4-6 所示。

(3) 设置模型的单元类型。Main Menu＞Preprocessor＞Element Type＞Add/Edit/Delete ＞Add，添加梁单元 Beam 3 和 4 节点等参单元，四节点等参数单元形式为平面应变单元，如图 4-7 所示。

(4) 设置单元的实常数。Main Menu＞Preprocessor＞Real Constants＞Add/Edit/Delete ＞Add，设置梁单元的实常数，如图 4-8 所示。

(5) 输入材料参数。操作步骤：① 输入材料的弹性模量和泊松比值：Main Menu＞Preprocessor＞Material Props＞Material Models＞Material Model Number 1＞ Structural＞Linear＞Elastec＞Isotropic，其中“EX”为弹性模量，单位为 Pa，“PRXY”为泊松比；② 输入材料的密度值：Preprocessor ＞Material Props＞Material Models＞Material Model Number 1 ＞ Structural ＞Density，密度单位为 kg/m^3；③ 输入材料的抗剪强度参数。如图 4-9 所示。

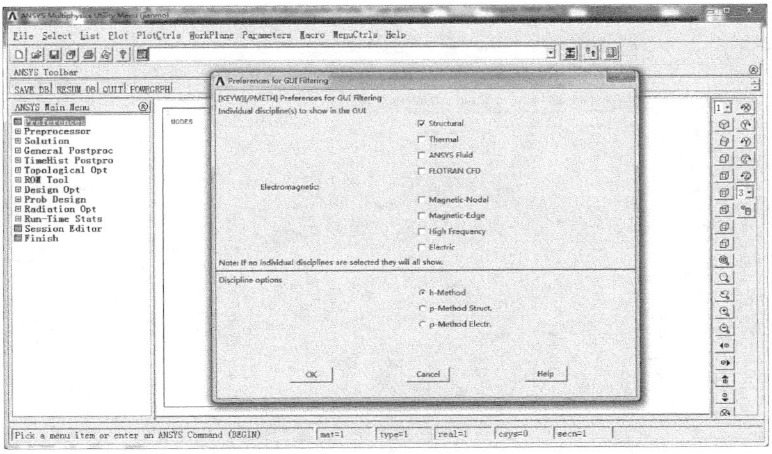

图 4.6　设置分析类型

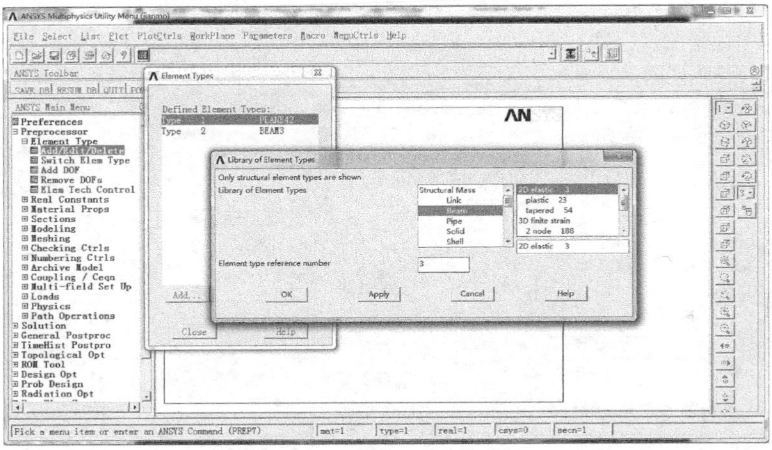

图 4-7　设置模型的单元类型

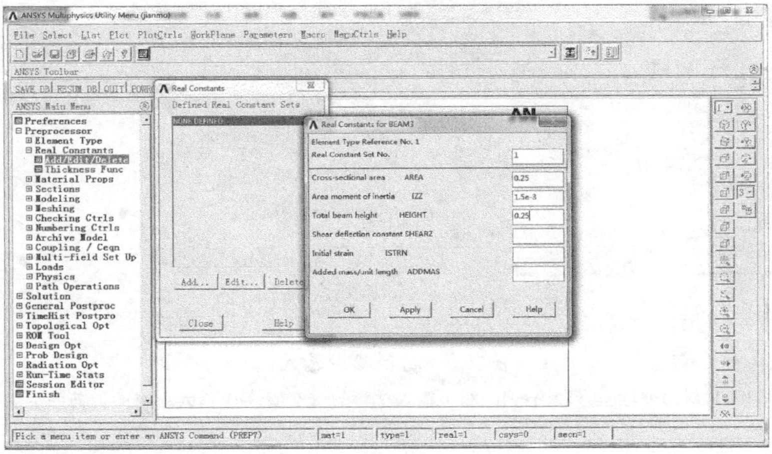

图 4-8　设置梁单元的实常数

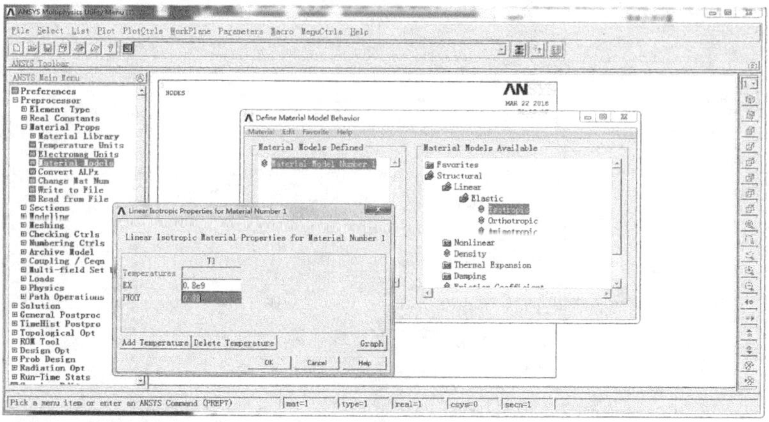

(a)

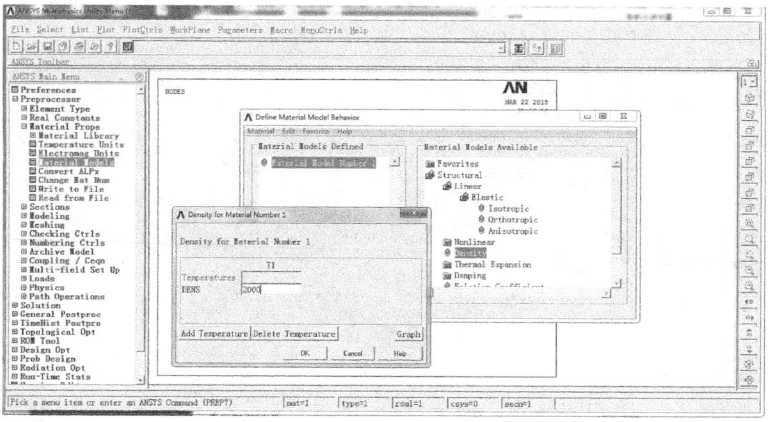

(b)

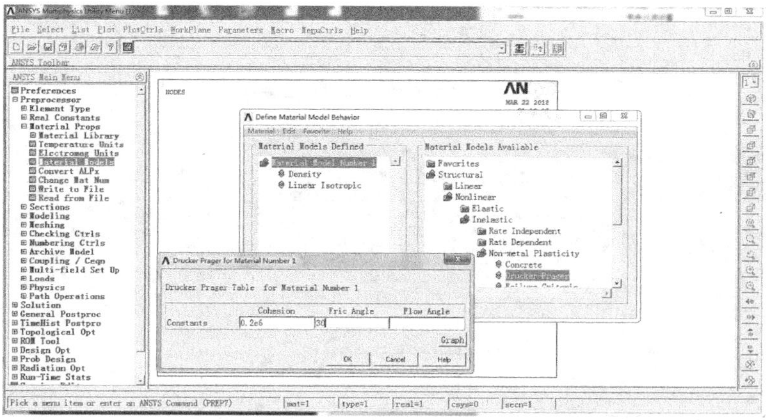

(c)

图 4-9　材料参数输入

(a) 输入材料的弹性模量和泊松比；(b) 输入材料的密度值；(c) 输入材料的抗剪强度参数

(6) 依次输入不同层位的材料参数(弹性模量、泊松比和密度)，各个结构层的材料参数如表 4-2 所列。

表 4-2　　　　　　　　　　各个结构层的材料参数

名称	弹性模量/Pa	泊松比	密度/(kg/m³)	黏聚力/Pa	内摩擦角/(°)
围岩	0.8×10^9	0.38	2 000	0.2×10^6	30
加固圈	3.2×10^9	0.32	2 200	0.5×10^6	35
混凝土	27.5×10^9	0.20	2 500	—	—

(7) 输入关键点坐标，每输入一次，点击“Apply”，输入下一个点坐标。操作步骤：Main Menu>Preprocessor>Modeling>Create>Keypoints>In Active CS；构建隧道轮廓的边界区域，由三个圆交叉形成，圆心坐标和半径分别是(−15，1.169，5.4)、(−18.408，0.22，1.905)、(−11.636，0.22，1.905)，操作步骤：Main Menu> Preprocessor >Modeling>Create>Lines>Arcs>By Cent & Radius，如图 4-10 所示。

(8) 对隧道轮廓线进行处理，删除多余的线条，并对节点编号进行重新编码。删除线 L5、L6、L8、L9、L10、L11，操作步骤：Main Menu>Preprocessor>Modeling>Delete>Lines

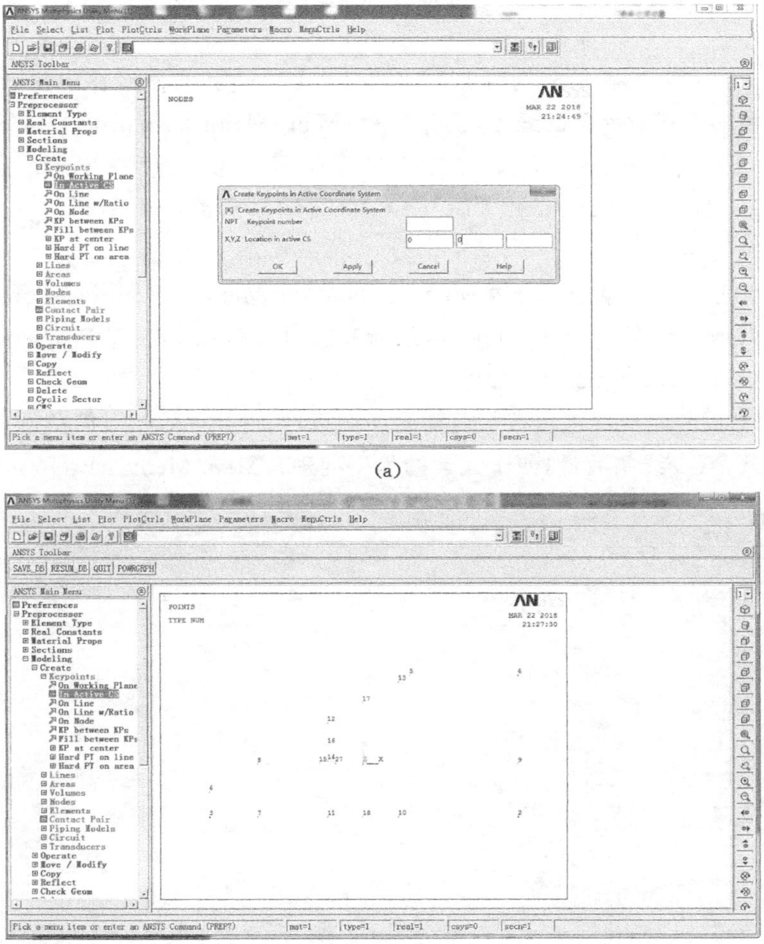

(a)

(b)

图 4-10　构建隧道模型

(a) 模型关键点输入；(b) 模型所有关键点

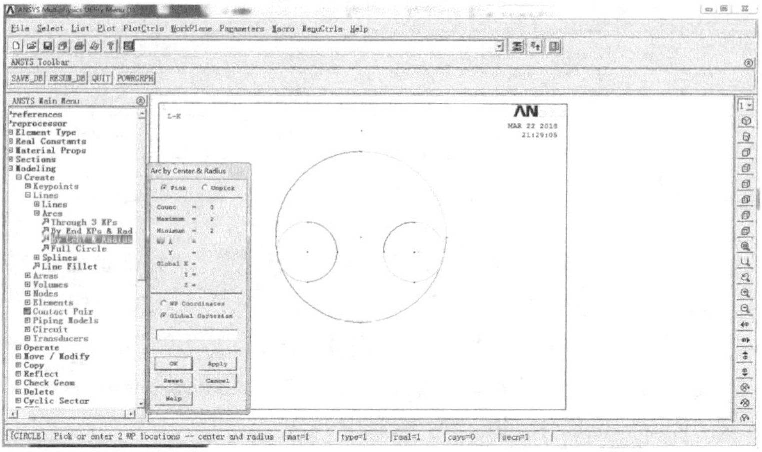

(c)

续图 4-10　构建隧道模型

(c) 构建隧道轮廓边界圆

Only,如图 4-11(a)所示。然后分别对 L3、L7 和 L4、L12 进行布尔运算中的交迭运算,使得交叉的线条生成多条相对简单的线条,操作步骤:Main Menu>Preprocessor> Modeling>Operate>Booleans>Overlap>Lines,如图 4-11(b)所示。最后删除 Overlap 运算后重新编码的线条 L6、L7、L8、L9、L10、L12、L13、L14、L15、L16,最终得到隧道的内轮廓图,如图 4-11(c)所示。

(9) 合并元素,压缩编号。合并所有元素:Main Menu>Preprocessor>Numbering Ctrls>Merge Items,如图 4-12(a)所示;压缩所有编号:Main Menu>Preprocessor>Numbering Ctrls>Compress Numbers,如图 4-12(b)所示。

(10) 对处理后的轮廓线进行布尔运算的加运算,使得处理后相对简单的多条线条合成一条或几条线条,减少线条数量,便于元素的编码处理。Main Menu>Preprocessor> Mod-

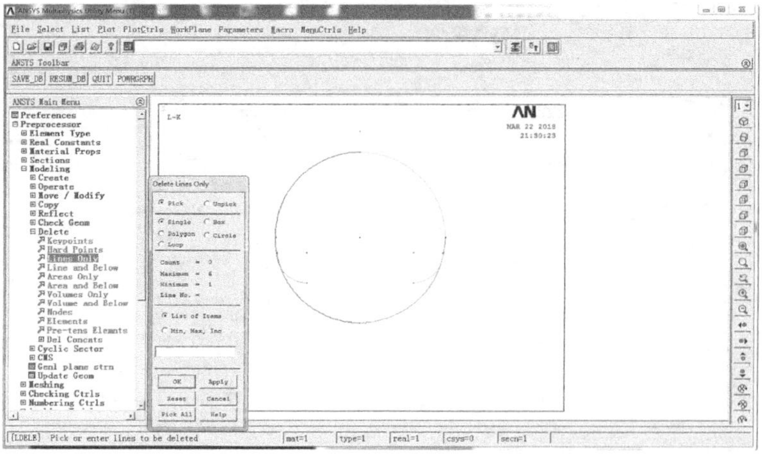

(a)

图 4-11　隧道轮廓内边界线条处理

(a) 删除轮廓中的线条

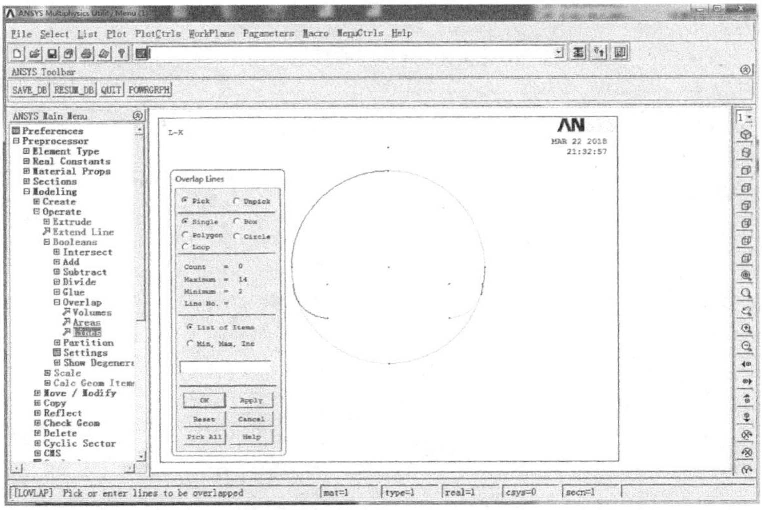

(b)

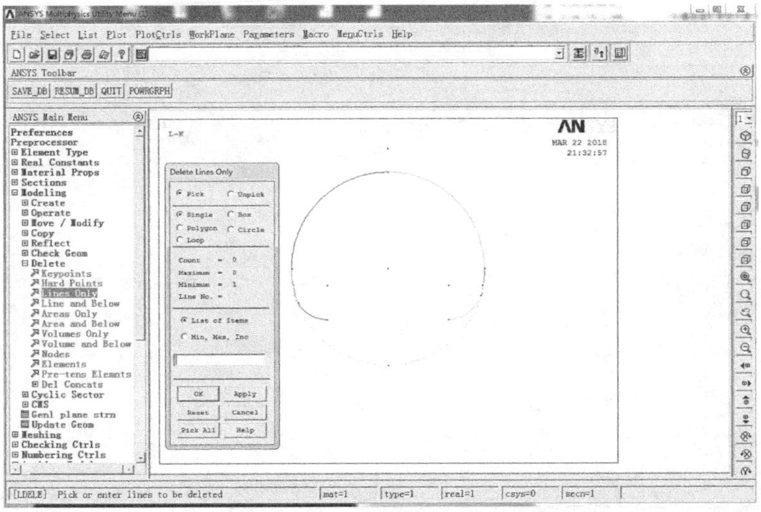

(c)

续图 4-11　隧道轮廓内边界线条处理

(b) 对线条进行布尔运算的交迭运算;(c) 删除多余的线条

eling＞Operate＞Booleans＞Add＞Lines;然后合并所有元素,压缩所有编号,方法同步骤(9)。结果如图 4-13 所示。

(11) 构建隧道的底部仰拱部分,并消去多余的线条。以坐标(－15.022,7.887)为圆心,10.178 为半径,绘制仰拱所在的圆,如图 4-14(a)所示,进而对线条进行处理,主要操作步骤:① 布尔运算的交迭运算:Main Menu＞Preprocessor＞Modeling＞Delete＞Lines Only;② 删除多余线条:Main Menu＞Preprocessor＞ Modeling＞Operate＞Booleans＞Overlap＞Lines;③ 布尔运算的加运算:Main Menu＞Preprocessor＞ Modeling＞Operate＞Booleans＞Add＞Lines。结果如图 4-14(b)所示。

(12) 构建隧道围岩的加固圈结构。构建方法如隧道内轮廓线的设计方法,加固圈的外轮廓是由三个圆交叉形成,圆心坐标和半径分别是(－15,1.169,8.9)、(－18.408,0.22,

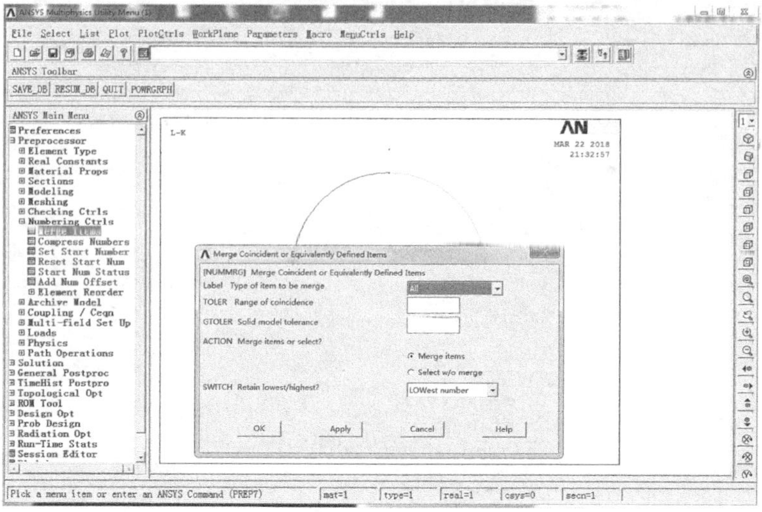

(a)

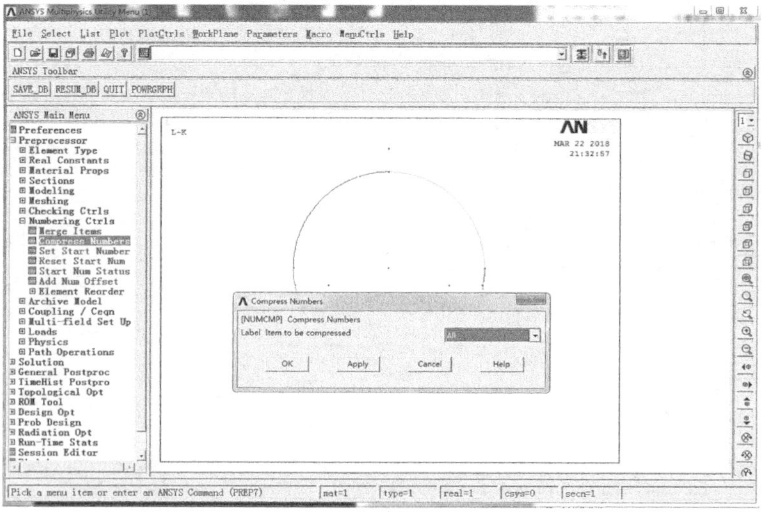

(b)

图 4-12　模型元素处理

(a) 合并所有元素；(b) 压缩所有编号

5.405)、(－11.636,0.22,5.405)，操作方法如步骤(7)～(10)所述，做完交叉圆后对线条进行删除多余线条处理、布尔运算的交迭运算处理和加运算处理；随后构建加固圈的仰拱部分，仰拱所在圆环的圆心和半径为(－15.022,7.887,13.678)，操作方法如步骤(11)所述，同样对交叉部分的线条进行布尔运算的交迭运算、删除多余线条、布尔运算的加运算，得到加固圈的轮廓图形，如图 4-15 所示。

(13) 构建左隧道后根据对称性镜像出右隧道。操作步骤：Main Menu＞Preprocessor＞Modeling＞Reflect＞Lines，对称轴为 *YZ* 面，如图 4-16 所示。

(14) 合并所有元素，压缩所有编号，保存隧道模型。File＞Save as，保存为“＊.db”文件。

(15) 创建关键点，为画其他直线做准备，构建计算区域线和分块线。操作步骤：Main

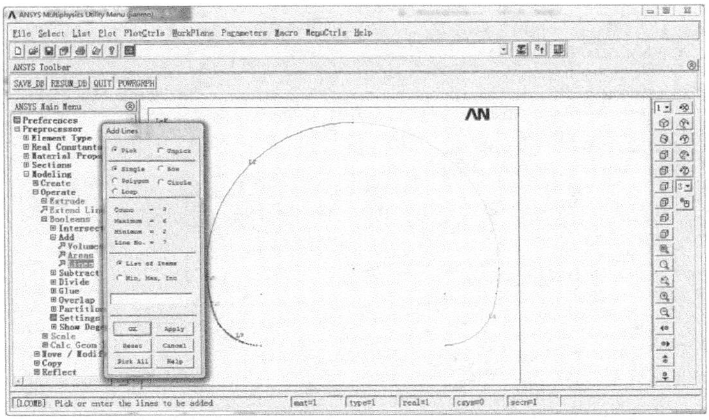

图 4-13　线条布尔运算的加运算

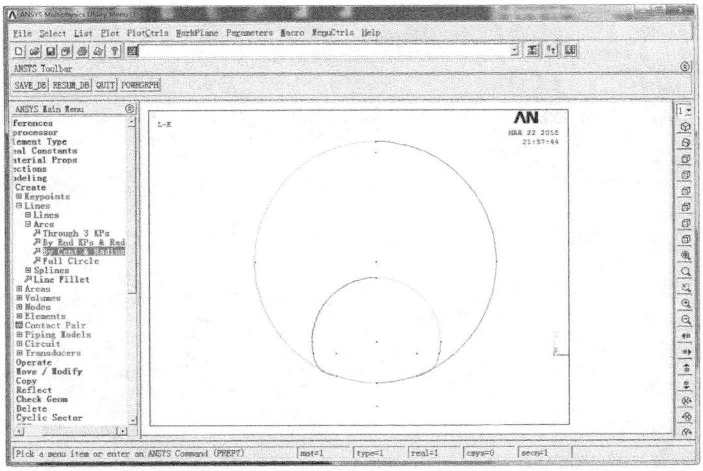

(a)

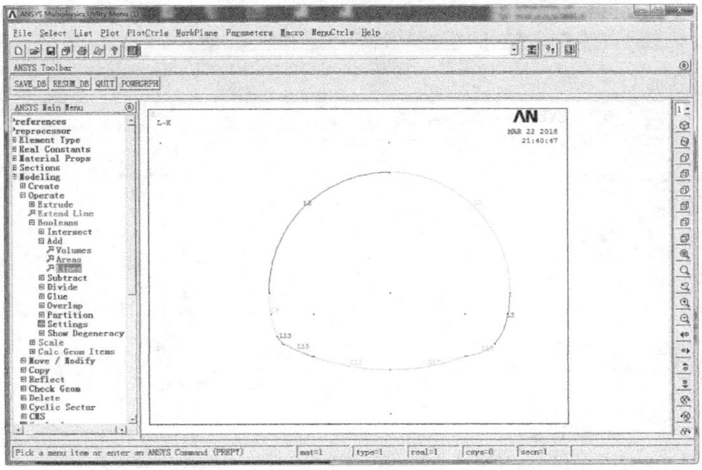

(b)

图 4-14　构建隧道内轮廓的仰拱

(a) 绘制仰拱圆；(b) 处理后的仰拱

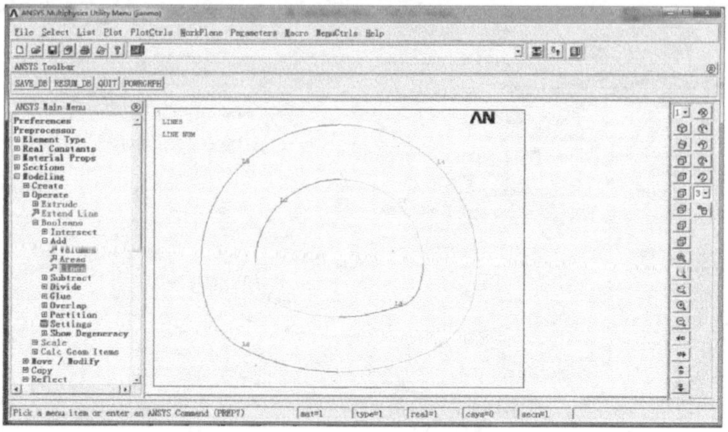

图 4-15 构建隧道模型的加固圈

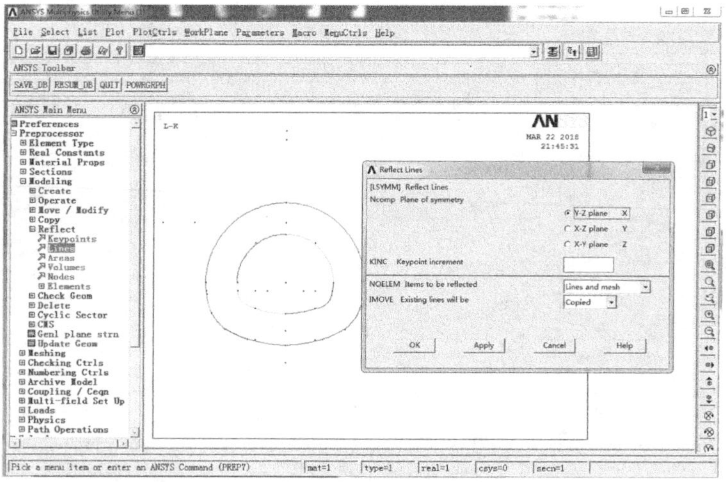

(a)

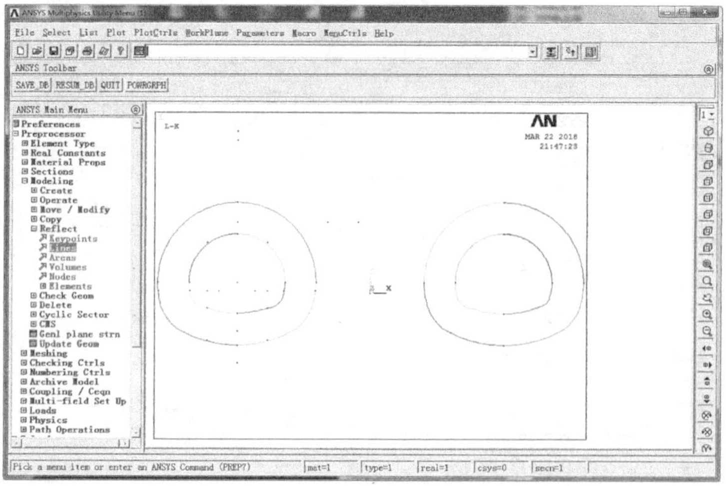

(b)

图 4-16 镜像得双侧隧道模型

Menu>Preprocessor>Modeling>Create>Keypoints>In Active CS，添加模型中的关键点；Main Menu>Preprocessor>Modeling>Create>Lines>Lines>Straight Line；通过关键点绘制直线，划分计算区域。如图 4-17 所示。

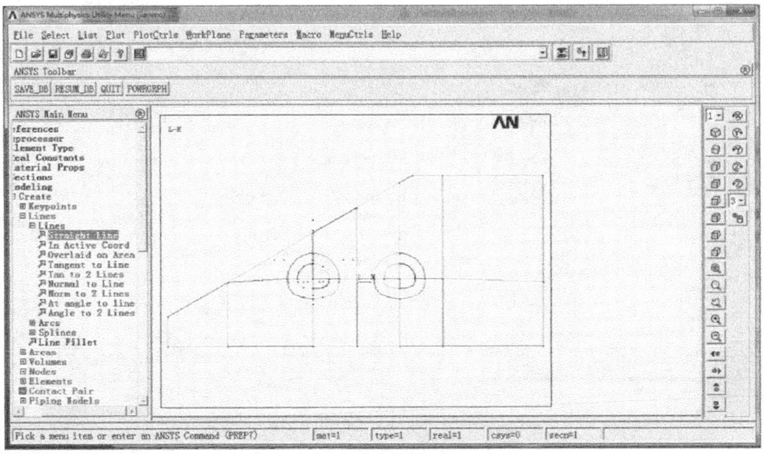

图 4-17　划分模型计算区域

(16) 元素编码显示。为方便后续的由线建面的过程，需显示各个线条的编号，操作步骤：PlotCtrls>Numbering，在 Plot Number Control 界面打开 Line Numbers，如图 4-18 所示。

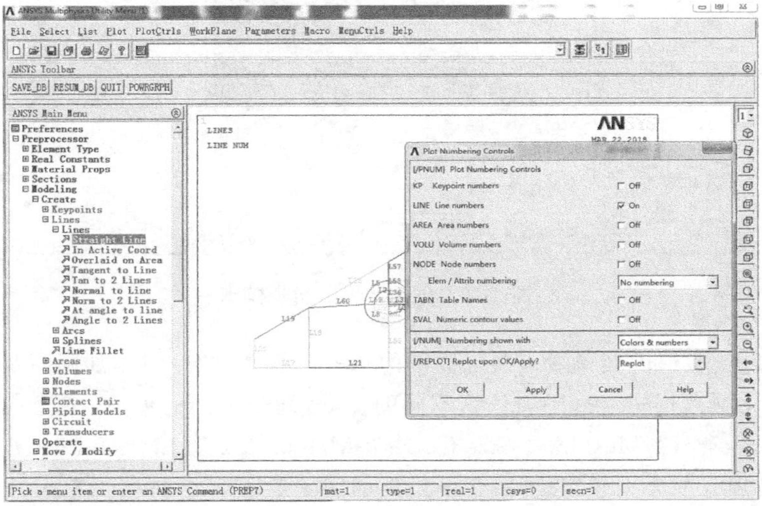

图 4-18　显示线条编号

(17) 创建面域。根据模型中关键节点构建的线条，采用由线创建面，依次创建不同面。操作步骤：Main Menu>Preprocessor>Modeling>Create>Areas>Arbitrary>By Lines，如图 4-19 所示。通过 Plot Number Control 显示不同面的编号，该模型中共创建面 27 个，隧道的初步模型如图 4-20 所示。

(18) 设置单元大小。对模型中线条设置单元大小，单元划分的原则是尽可能地使受力分析区域的网格精细化，而较远处区域的网格可以稀疏，同时使得模型网格美观。本次模型

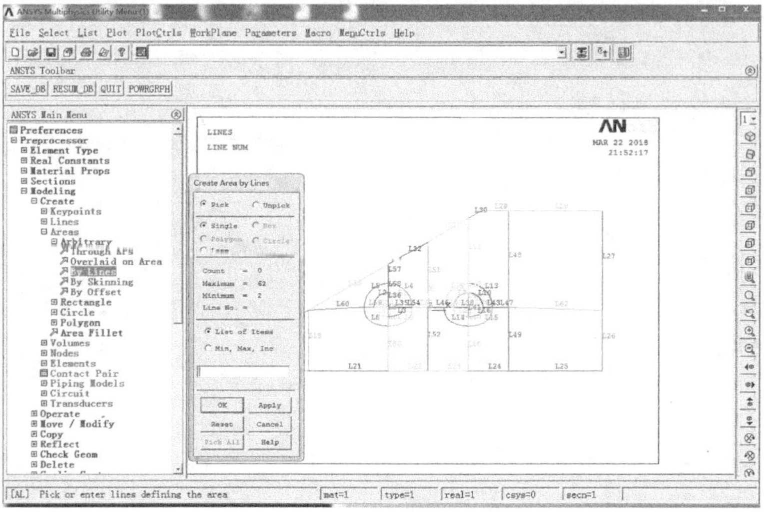

图 4-19　由线建立面

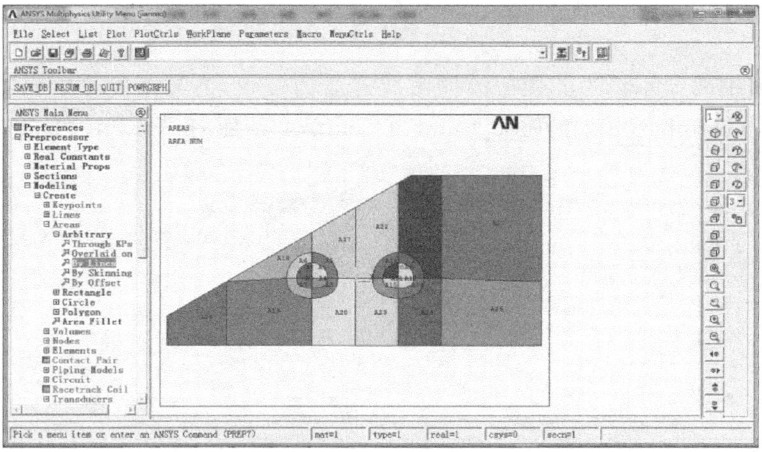

图 4-20　隧道结构的初步模型

中对于隧道边界、隧道内交叉线以及加固圈的每一个线条划分 8 份，加固圈及隧道边界之间的部分每一个线条划分 4 份，围岩依据不同的长度，划分不同的单元份数。操作步骤：Main Menu>Preprocessor>Meshing>Size Cntrls>Manual Size>Lines>Picked Lines，依次选择不同的线条划分单元大小，设置过程及结果如图 4-21 所示。

(19) 剖分单元。① 对模型中创建的面赋予单元、材料属性，单元属性包括平面等参单元和梁单元，材料属性分别为围岩、加固圈和喷射混凝土。操作步骤：Main Menu>Preprocessor>Meshing>MeshTool，依次选择不同的面赋予不同的属性，其中“Element Attribute”选择“Areas”。本模型中：隧道内开挖土体面 A1～A4 和 A9～A12、隧道仰拱土体面 A7、A8、A15、A16 以及隧道周边岩体面 A17～A27 赋予单元类型为四节点等参单元，材料属性为围岩体；加固圈土体面 A5、A6、A13、A14 赋予单元类型为平面四节点等参单元，材料属性为加固圈材料。设置过程及结果如图 4-22 所示。② 对面 A1～A16 和 A25～A27 采用映射四边形剖分，对面 A17～A24 采取四边形自由剖分，其中“Mesh”中选择“Areas”，

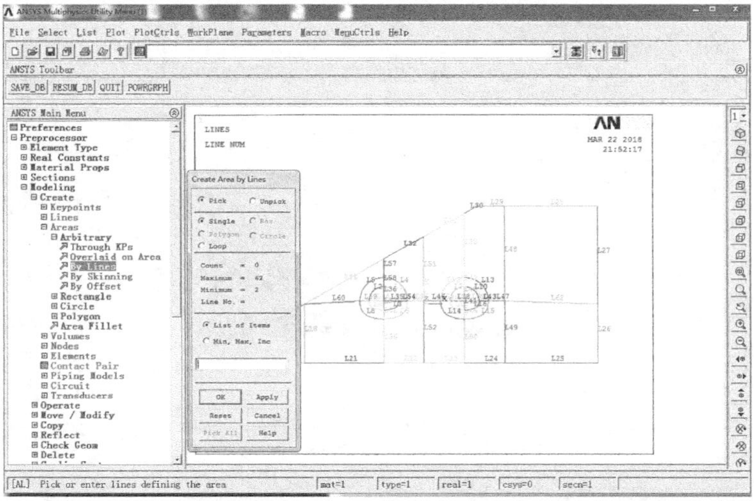

(a)

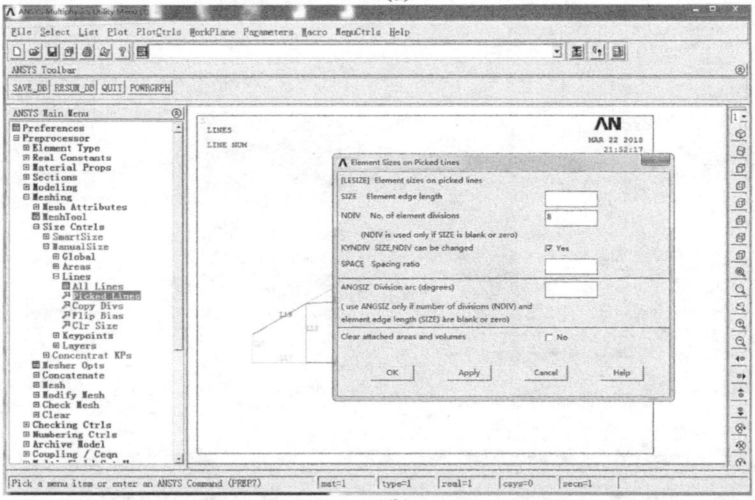

(b)

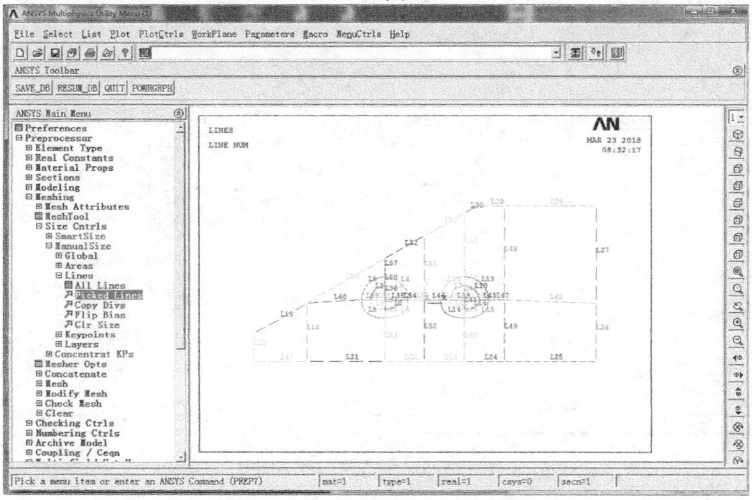

(c)

图 4-21　设置单元大小

(a) 选择需设置线条；(b) 设置线条单元大小；(c) 线条单元设置效果

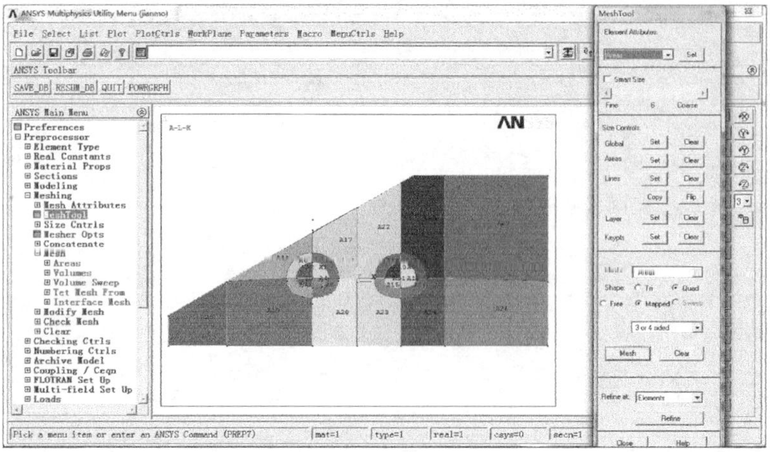

(a)

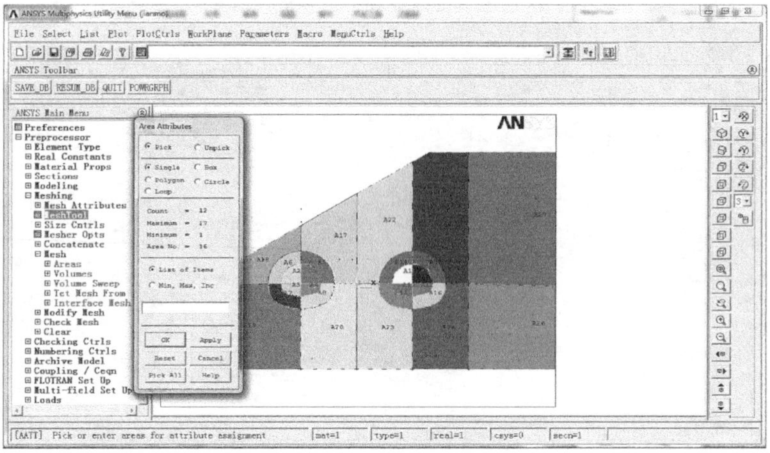

(b)

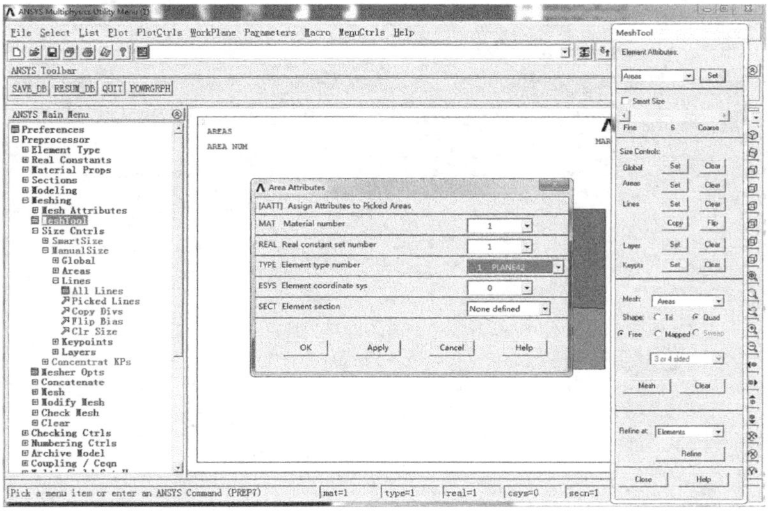

(c)

图 4-22　设置单元类型及属性

(a) 选择单元属性;(b) 选择单元所属的面;(c) 设置单元的类型及材料属性

“Shape”选择“Quad”，划分网格完成后，根据材料属性的不同，“Plot Number Control”中选择“Material Numbers”和“Colours only”，用颜色区分，有限元网格如图 4-23 所示。

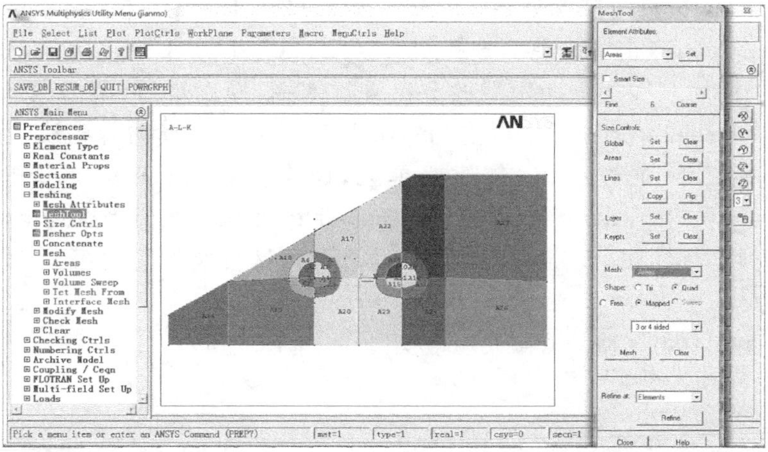

(a)

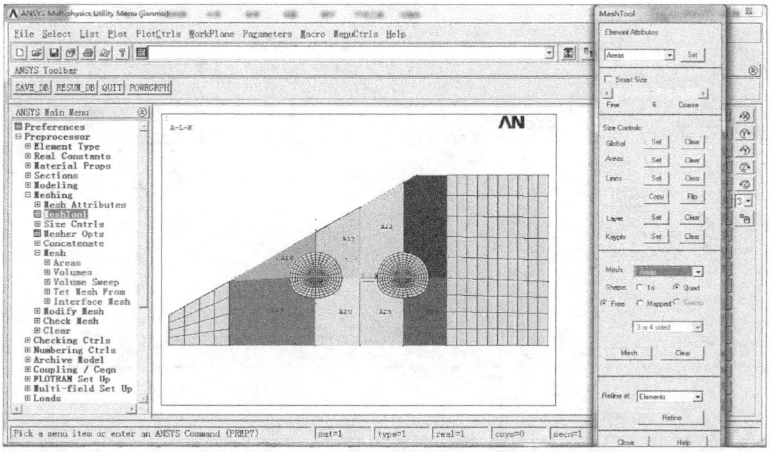

(b)

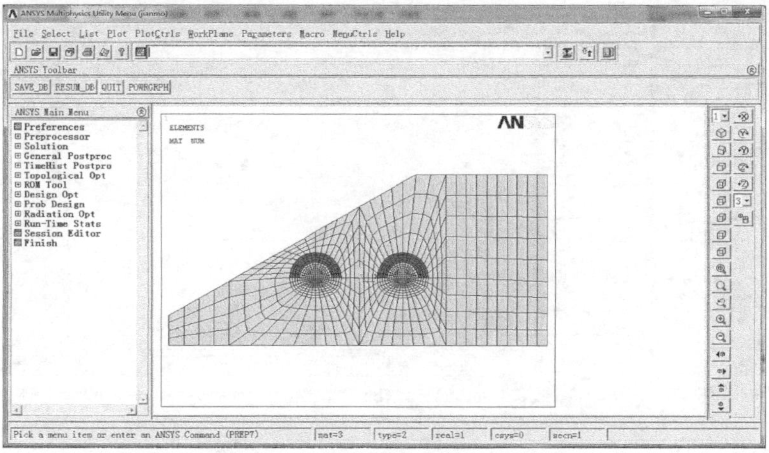

(c)

图 4-23　划分网格过程

(a) 设置映射剖分；(b) 设置自由剖分；(c) 有限元网格模型

(20) 创建梁单元。由于隧道开挖后，围岩的受力情况会发生改变，需对隧道开挖边界设置加固梁，即通过开挖轮廓线上的节点设置梁单元。① 通过选择隧道开挖轮廓边界线上附属的节点，依据两两节点创建线性梁单元。操作步骤：菜单栏>Select>Entities>Lines>By Num/Pick，点击“Apply”，选择线 L1～L3、L7、L9～L11 和 L16，如图 4-24(a)、(b)所示。② 进而对其线条上所附属的节点进行选择，操作步骤：菜单栏>Select>Entities>Nodes>Attached to>Lines all，点击“Apply”，显示所选择的轮廓线上的节点，如图 4-24(c)、(d)所示。③ 通过节点，创建梁单元，操作步骤：Main Menu>Preprocessor>Modeling>Create> Elements>Auto Numbered>Thru Nodes。依次连接相邻的节点组成线性梁单元，按如步骤(19)设定单元类型为 Beam 3，材料属性为混凝土，结果如图 4-25 所示。

(21) 显示不同材料属性的有限元网格模型，如图 4-26 所示。

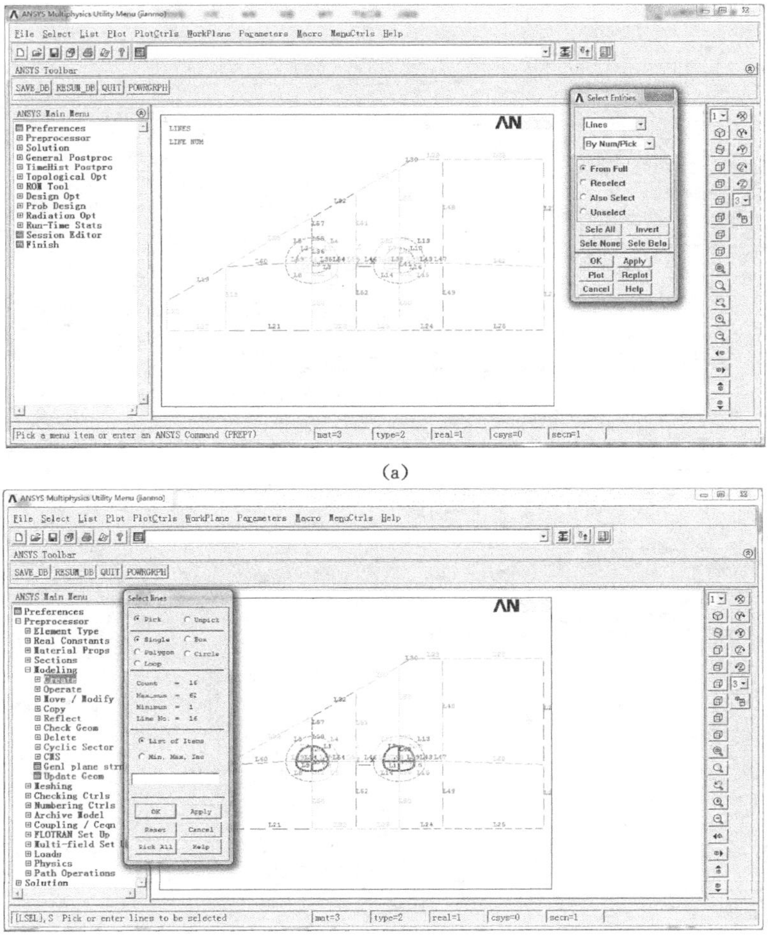

(a)

(b)

图 4-24 选择构建梁单元的节点

(a) 选择隧道开挖轮廓线；(b) 选择隧道开挖过程的轮廓线

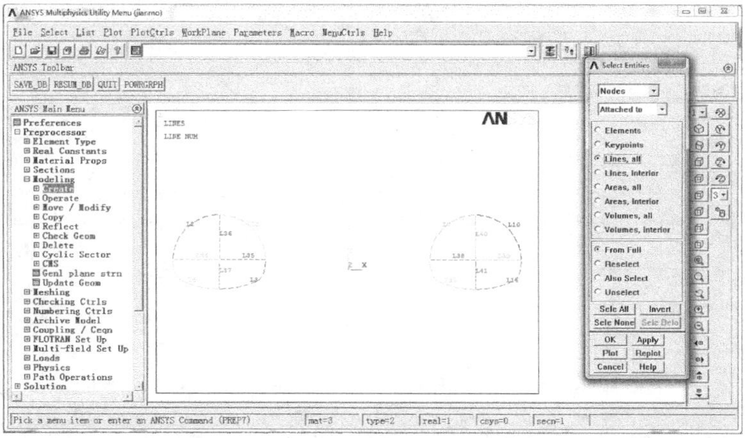

(c)

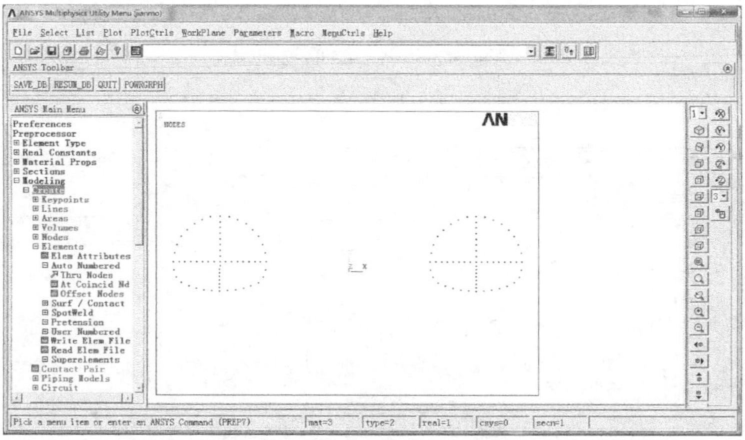

(d)

续图 4-24　选择构建梁单元的节点

(c) 选择轮廓线上的节点；(d) 构建梁单元的节点

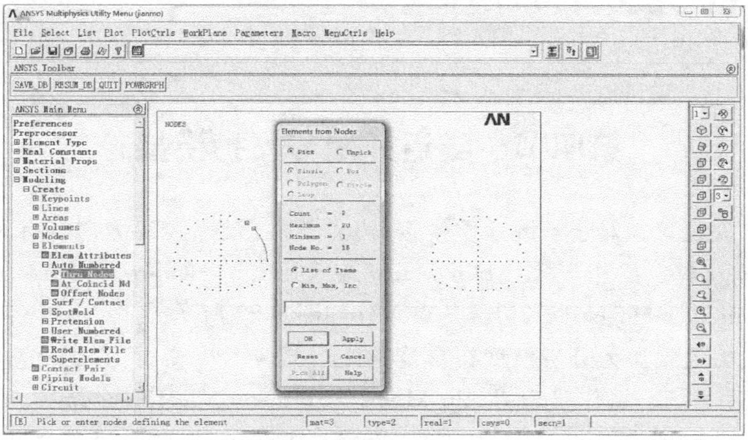

(a)

图 4-25　创建梁单元模型

(a) 创建梁单元

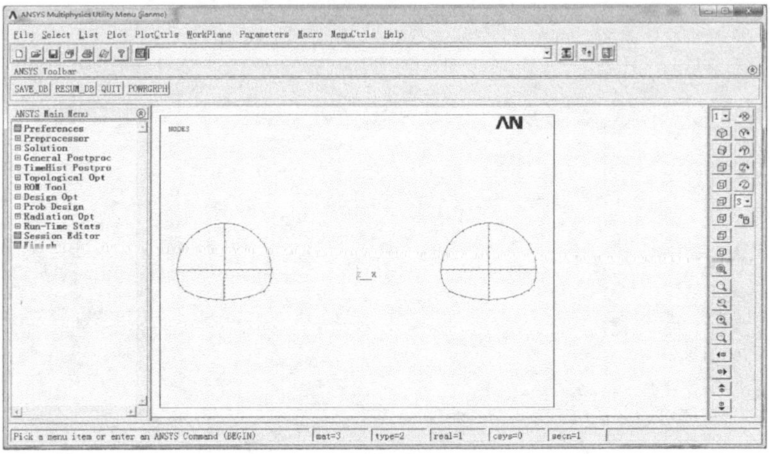

(b)

续图 4-25　创建梁单元模型

(b) 梁单元模型

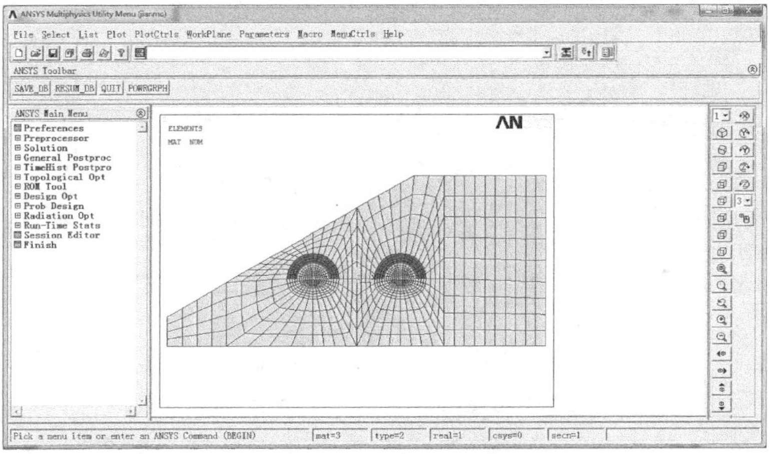

图 4-26　有限元网格模型

第四节　隧道开挖与支护模拟

(1) 边界条件设置。对于三维地质模型，边界条件假设为：X 方向没有 X 方向位移，Y 方向没有 Y 方向位移。操作步骤：Main Menu >Solution>Define Loads>Apply>Structural>Displacement>On Nodes，边界约束条件如图 4-27 所示。

(2) 载荷应力设置。为分析模型在自重条件下的应力应变行为，则需对模型施加重力加速度，以模拟重力场。操作步骤：Main Menu>Solution>Define Loads>Apply>Structural>Inertia>Gravity>Global，重力加速度设置为竖直向下的，大小为 10 m/s^2，如图4-28 所示。

(3) 求解条件设置。自重应力条件下，设置为牛顿-拉普森算法求解。操作步骤：Main

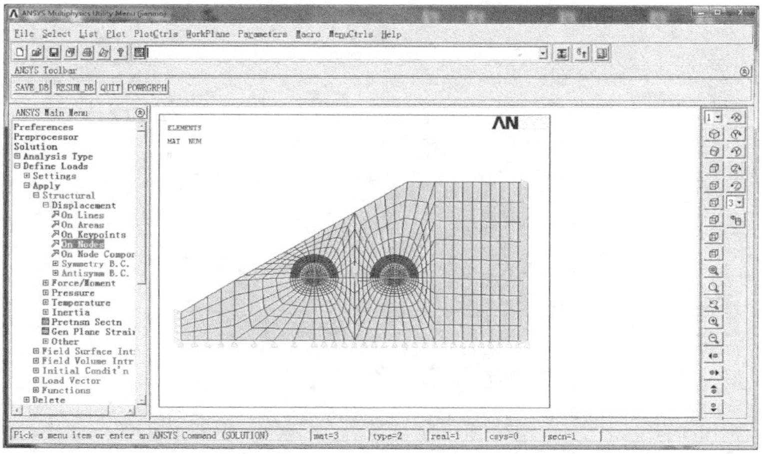

图 4-27 有限元模型边界条件

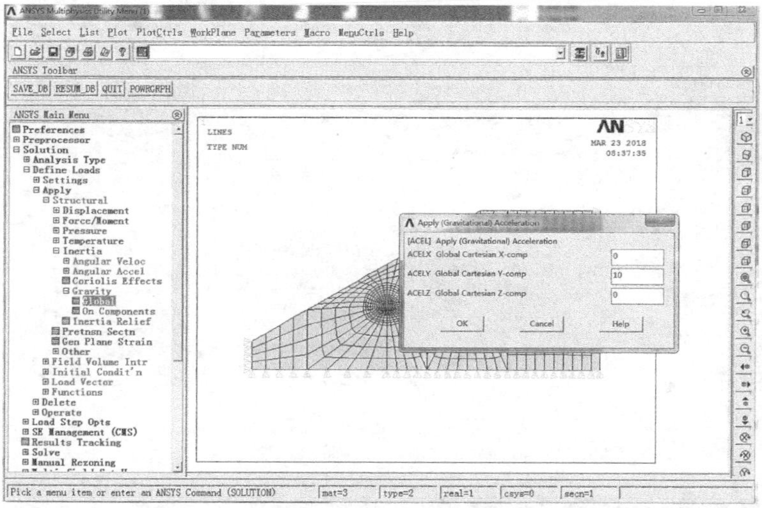

图 4-28 设置重力加速度值

Menu>Solution>Analysis Type>Analysis Options,如图 4-29 所示。

(4) 赋予梁单元"死属性",开挖前不参与计算。选择梁单元,采用"Ekill"命令赋予该类单元"死属性"。操作步骤:Select>Entities,Elements>By Attribute to>Elem type num,单元类型选择属性为 2,如图 4-30 所示。

(5) 求解有限元模型。操作步骤:Main Menu>Solution>Solve>Current LS,出现判断性选择时,点击"OK"、"Yes",求解完成,如图 4-31 所示。

(6) 后处理分析。分析自重应力情况下,结构的应力、应变、变形情况,主要是以等值线云图形式表现。操作步骤:Main Menu>General Postproc>Plot Results>Contour Plot>Nodel Solu,可以显示位移等值线、应力等值线等,如图 4-32 所示。

(7) 隧道开挖和支护模拟。返回主菜单,选择所有内容,进入求解器,重新启动求解器,如图 4-33 所示。通过 Select>Entities,Areas>By Num/Pick 及 Elements>Attached to>Areas,选择左洞左上土体部分的单元,采用"Ekill"命令,赋予其"死属性",如图 4-34 所示。

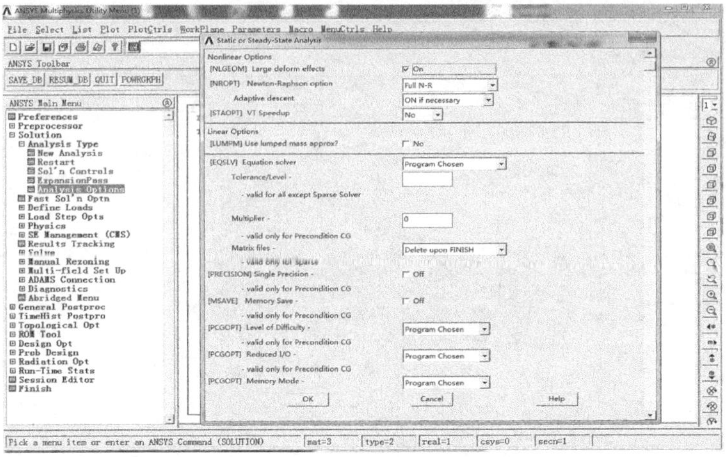

图 4-29　求解模式设置

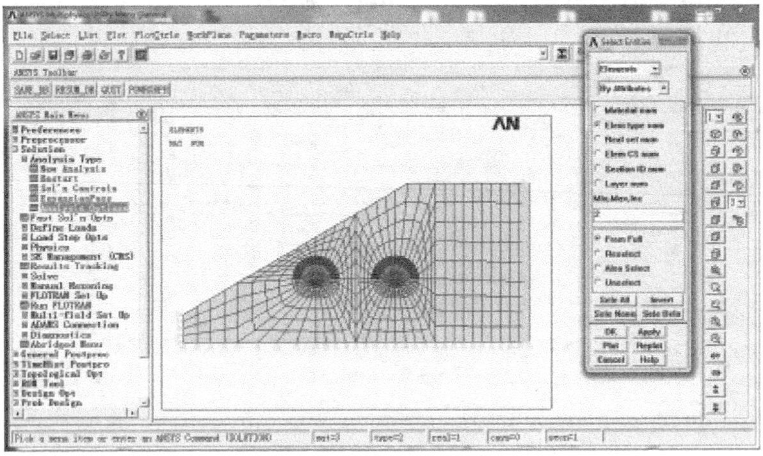

(a)

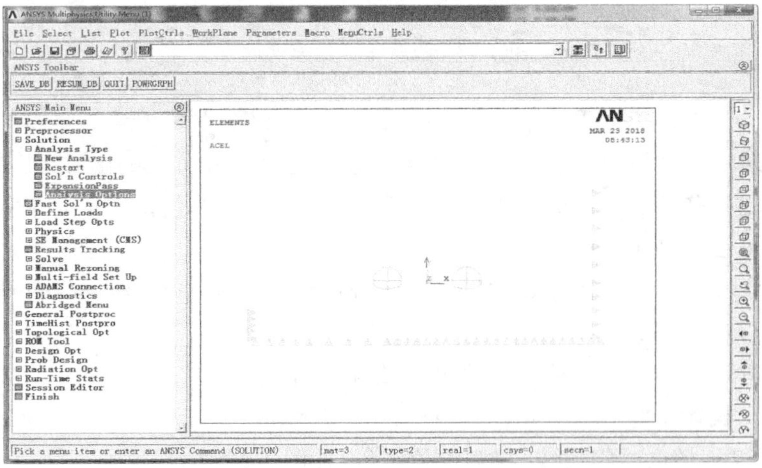

(b)

图 4-30　赋予梁单元“死属性”

(a) 选择梁单元；(b) 使用“Ekill”命令

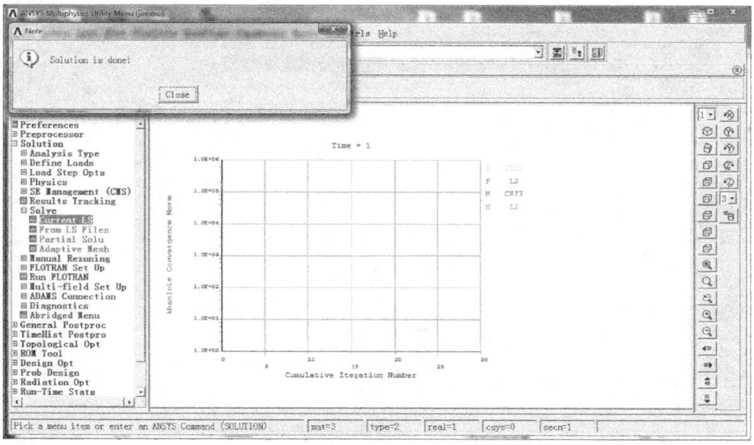

图 4-31　求解有限元模型

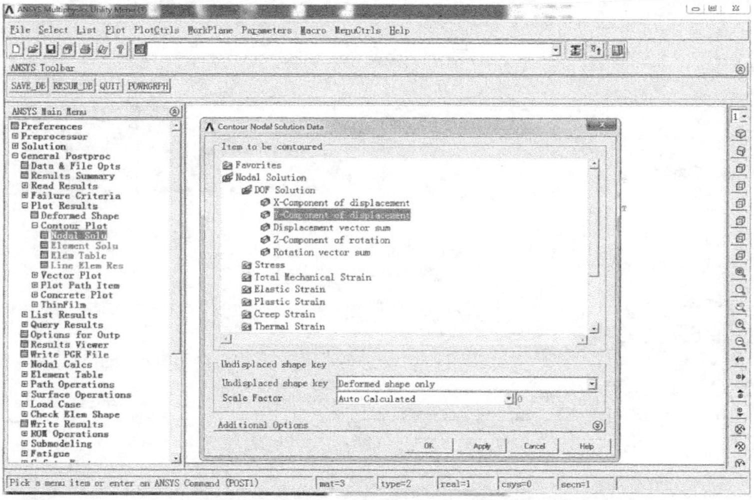

图 4-32　有限元模型后处理模块

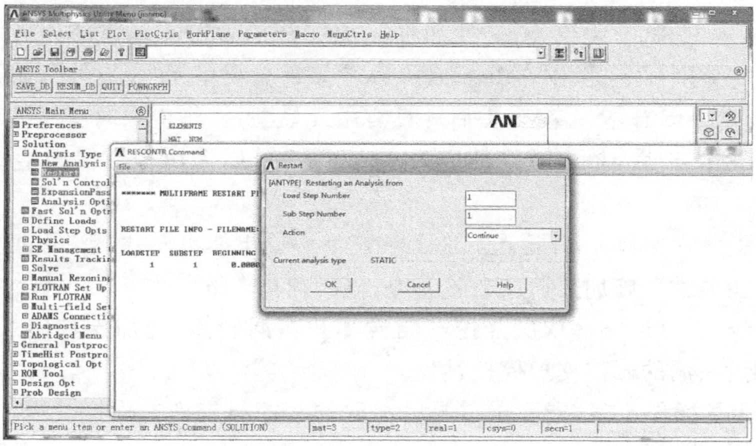

图 4-33　重新启动求解器

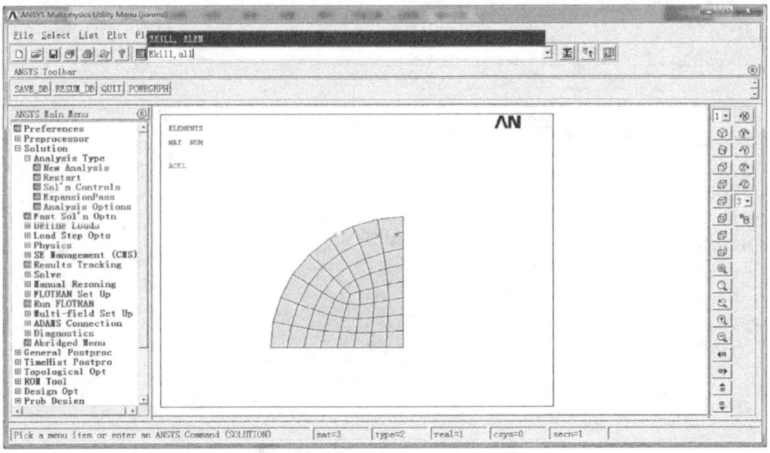

(a)

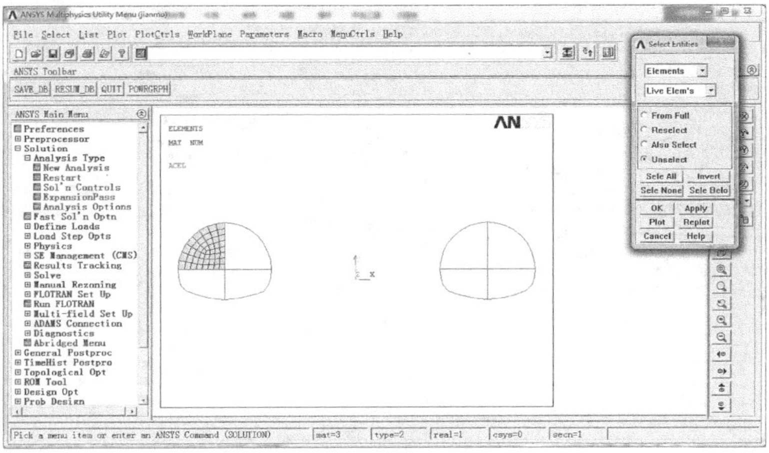

(b)

图 4-34　赋予左洞左上方岩体“死属性”

(a) 使用“Ekill”命令；(b) 模型中“死属性”单元

在第一步自重求解中，赋予梁单元以“死属性”，故在开挖后需实现该部分梁单元的支护功能，选择线 L2、L34 和 L36，采用“Ealive”命令赋予该部分梁单元“生属性”，如图 4-35 所示。

(8) 对左洞左上侧岩体开挖、支护后计算有限元模型，操作步骤同步骤(5)。

(9) 分析开挖支护后，整体结构的应力-应变行为可以采用等值线的形式来表示计算结果。

(10) 重复步骤(7)和(8)，开挖左洞左上和左下部分土体单元，赋予“死属性”，对其边界的梁单元赋予“生属性”，施加支护体力的外力，重新计算求解。

(11) 重复步骤(7)和(8)，依次开挖左洞岩体和右洞岩体、施加支护体系，重新计算求解，完成先左洞后右洞的开挖支护模拟过程。

(12) 重复上述操作步骤，进行先右洞后左洞的开挖与支护的模拟过程，并分析两种开挖方法对于偏压隧道的影响。

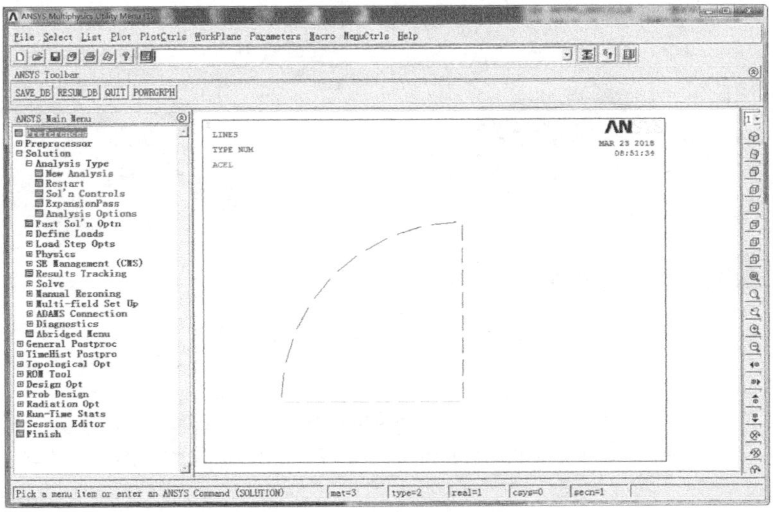

图 4-35　赋予梁单元"生属性"

第五节　结果与讨论

一、计算结果分析

采用修正后的命令流建立有限元模型,设置全牛顿-拉普森迭代算法,用时间步进行求解计算,查看计算结果并进行分析。其中加载荷和边界条件的有限元模型如图 4-36 所示,自重应力场中竖向的位移和应力如图 4-37 所示,按先左洞后右洞开挖的施工顺序进行模拟计算的结果如图 4-38 和图 4-39 所示。再按先左洞后右洞开挖的施工顺序进行模拟计算,结果如图 4-40 所示。

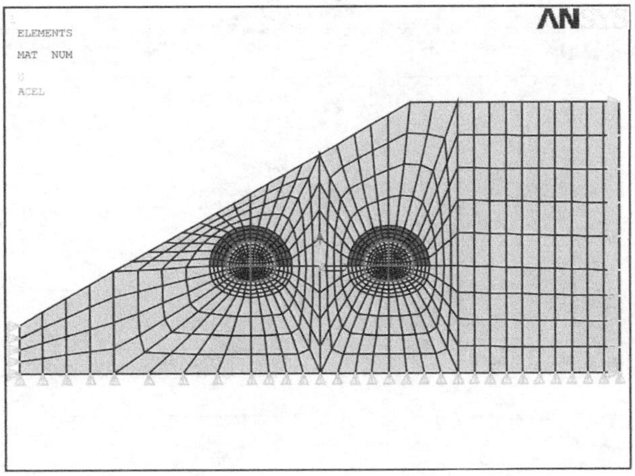

图 4-36　加载荷和边界条件的有限元模型

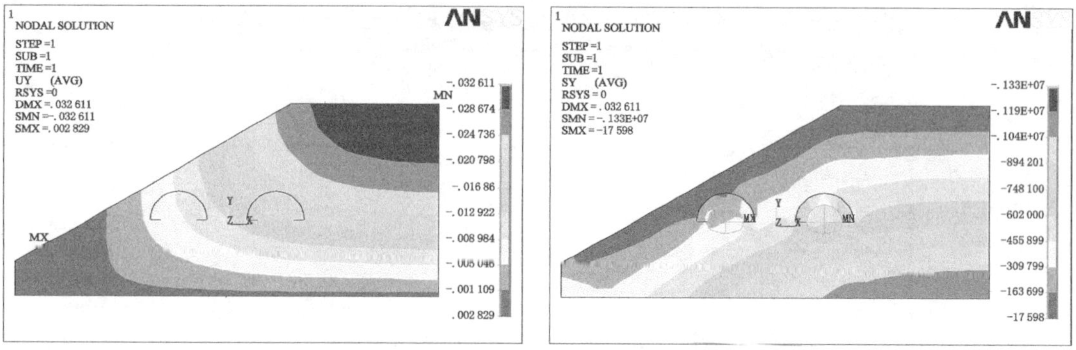

图 4-37　自重应力下模型位移-应力等值线图

(a) 自重应力场下 Y 方向的位移图(m)；(b) 自重应力场下 Y 方向应力图(Pa)

二、结果讨论

1. 施工顺序的确定

从两种不同开挖顺序的结果位移图可以看出：总的来说，随开挖顺序的进行，围岩竖向位移增加，但增加的量不多；在先左洞后右洞的施工顺序条件下，进行一个隧道的开挖过程中，左上部分和左下部分开挖导致最大的围岩位移增加，右上部分土体的开挖则位移减小，

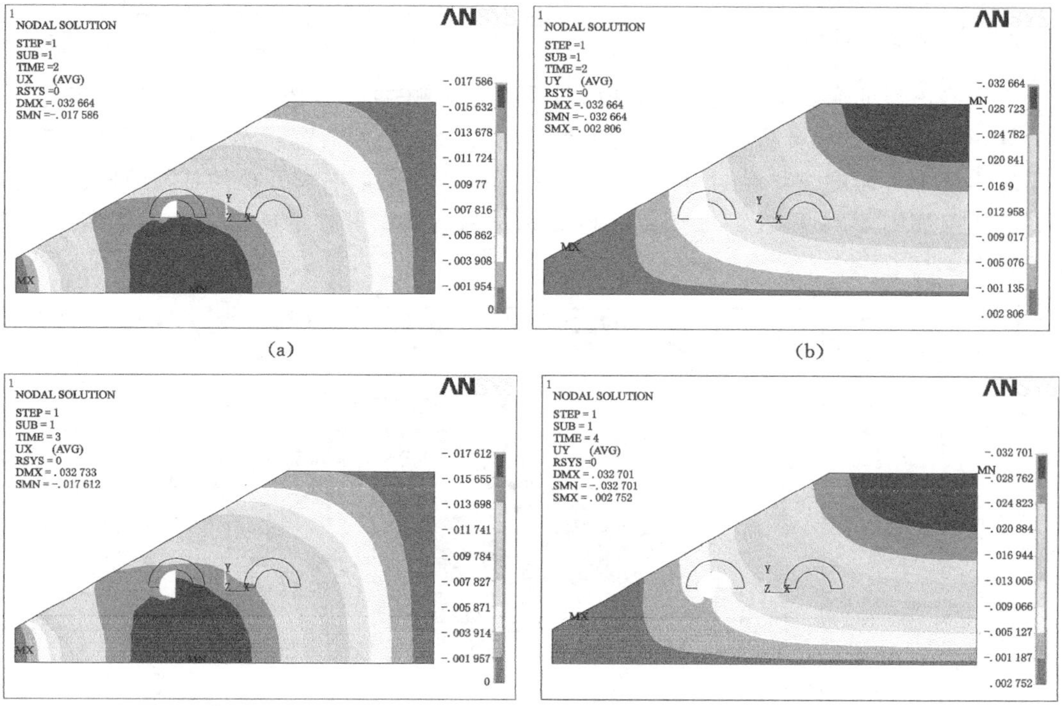

(c)　　　　(d)

图 4-38　按先左洞后右洞开挖的施工顺序左洞开挖模拟计算的结果

(a) 自重应力场下 X 方向的位移图(m)；(b) 自重应力场下 Y 方向位移图(m)；

(c) 左隧道左下部分开挖 X 方向应力图(Pa)；(d) 左隧道右上部分开挖 Y 方向位移图(m)

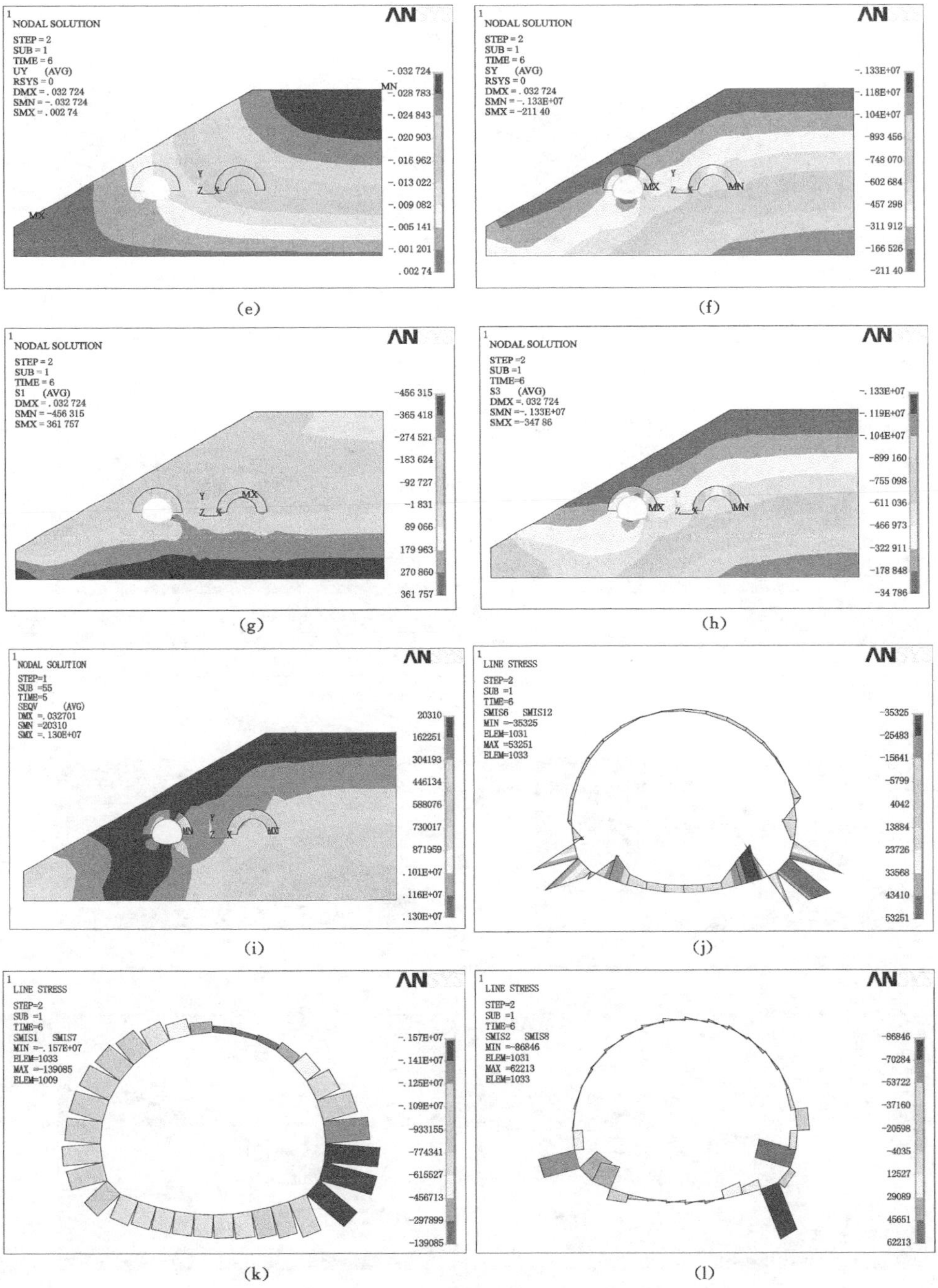

续图 4-38　按先左洞后右洞开挖的施工顺序左洞开挖模拟计算的结果

(e) 左隧道右下部分开挖 Y 方向应力图(Pa)；(f) 左隧道右下部分开挖 X 方向应力图(Pa)；
(g) 左隧道右下部分开挖第一主应力图(Pa)；(h) 左隧道右下部分开挖第三主应力图(Pa)；
(i) 左隧道右下部分开挖等效应力图(Pa)；(j) 左隧道喷射混凝土弯矩图(N·m)；
(k) 左隧道喷射混凝土轴力图(N)；(l) 左隧道喷射混凝土剪力图(N)

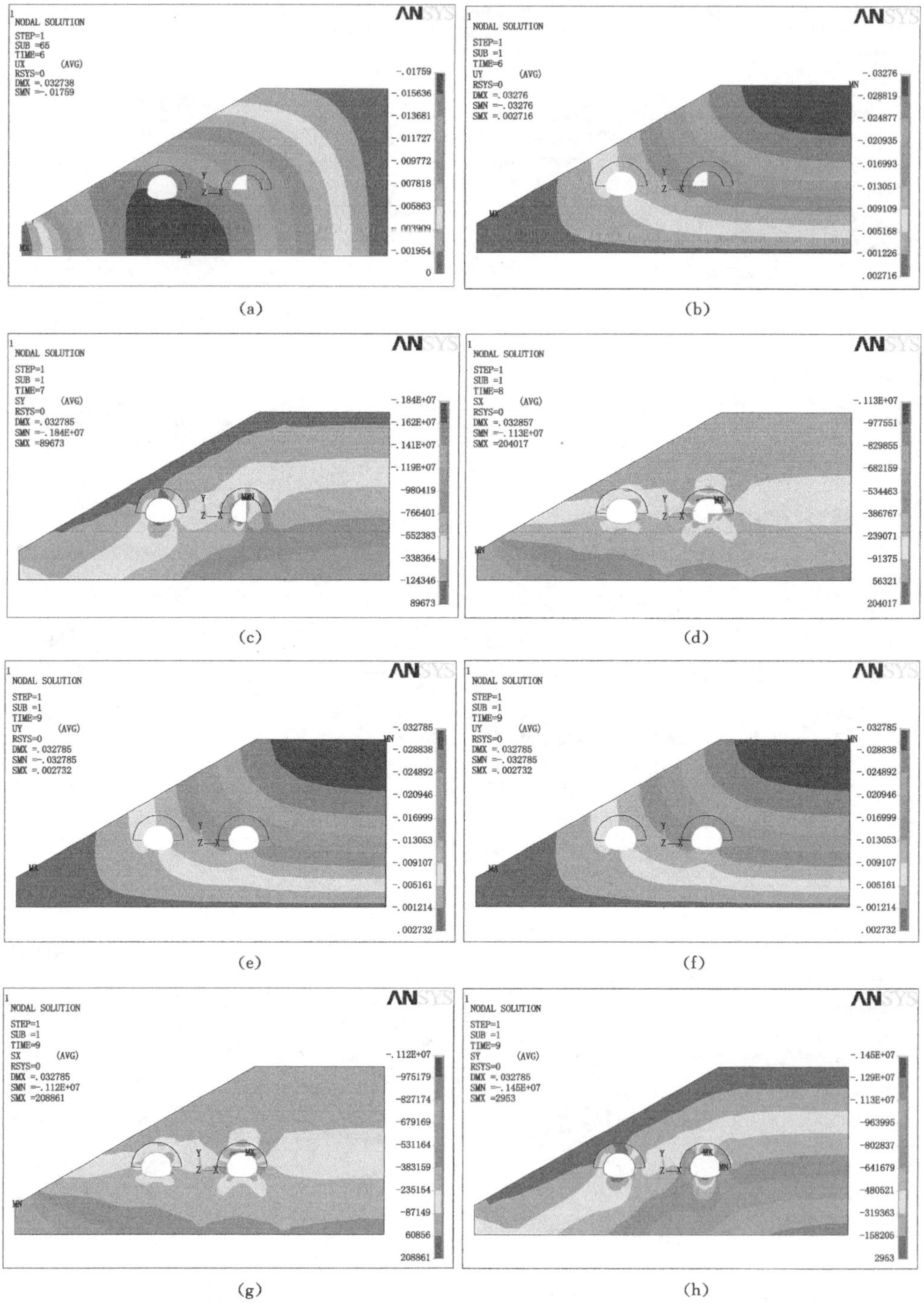

图 4-39　按先左洞后右洞开挖的施工顺序右洞开挖模拟计算的结果

(a) 右隧道左上部分开挖 X 方向位移图(m)；(b) 右隧道左上部分开挖 Y 方向位移图(m)；(c) 右隧道左下部分开挖 Y 方向应力图(Pa)；(d) 右隧道右上部分开挖 X 方向应力图(Pa)；(e) 右隧道右下部分开挖 Y 方向变形图(m)；(f) 右隧道右下部分开挖 X 方向变形图(m)；(g) 右隧道右下部分开挖 X 方向应力图(Pa)；(h) 右隧道右下部分开挖 Y 方向应力图(Pa)

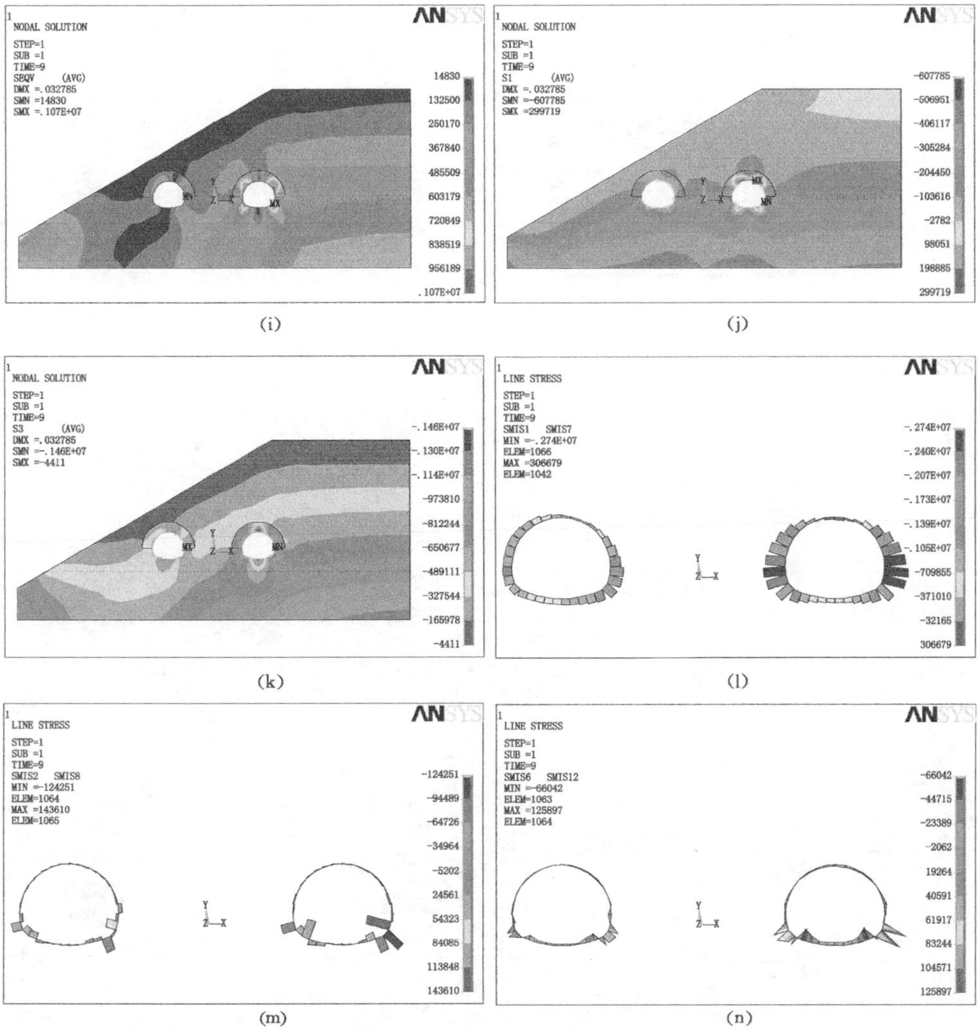

续图 4-39　按先左洞后右洞开挖的施工顺序右洞开挖模拟计算的结果

(i) 右隧道右下部分开挖等效应力图(Pa)；(j) 右隧道右下部分开挖第一主应力图(Pa)；
(k) 右隧道右下部分开挖第三主应力图(Pa)；(l) 左右隧道喷射混凝土轴力图(N)；
(m) 左右隧道喷射混凝土剪力图(N)；(n) 左右隧道喷射混凝土弯矩图(N・m)

右下部分土体的开挖则位移也增加；在先右洞后左洞的施工顺序条件下，进行一个隧道的开挖过程中，左上部分的开挖导致最大的围岩竖向位移增加，而左下部分土体的开挖则位移减小，右上部分和右下部分土体的开挖则位移又增加；前者最大的围岩竖向位移要比后者的小，故应优先采用先左洞再右洞的施工顺序。

从两种不同开挖顺序的结果应力图可以看出：随着开挖顺序的进行，围岩的竖向应力总体上是增加的；先左洞再右洞的开挖顺序条件下，先施工左隧道时，围岩竖向应力增加的不多，而施工右隧道时，围岩竖向应力的增加比较大；先右洞再左洞的开挖顺序条件下，先施工右隧道时，围岩竖向应力的增加大，而施工左隧道时，围岩竖向应力几乎没有增加；总体上来讲，前者的围岩竖向应力要比后者小。以上说明在地形偏压的条件下，施工埋深小一侧的隧

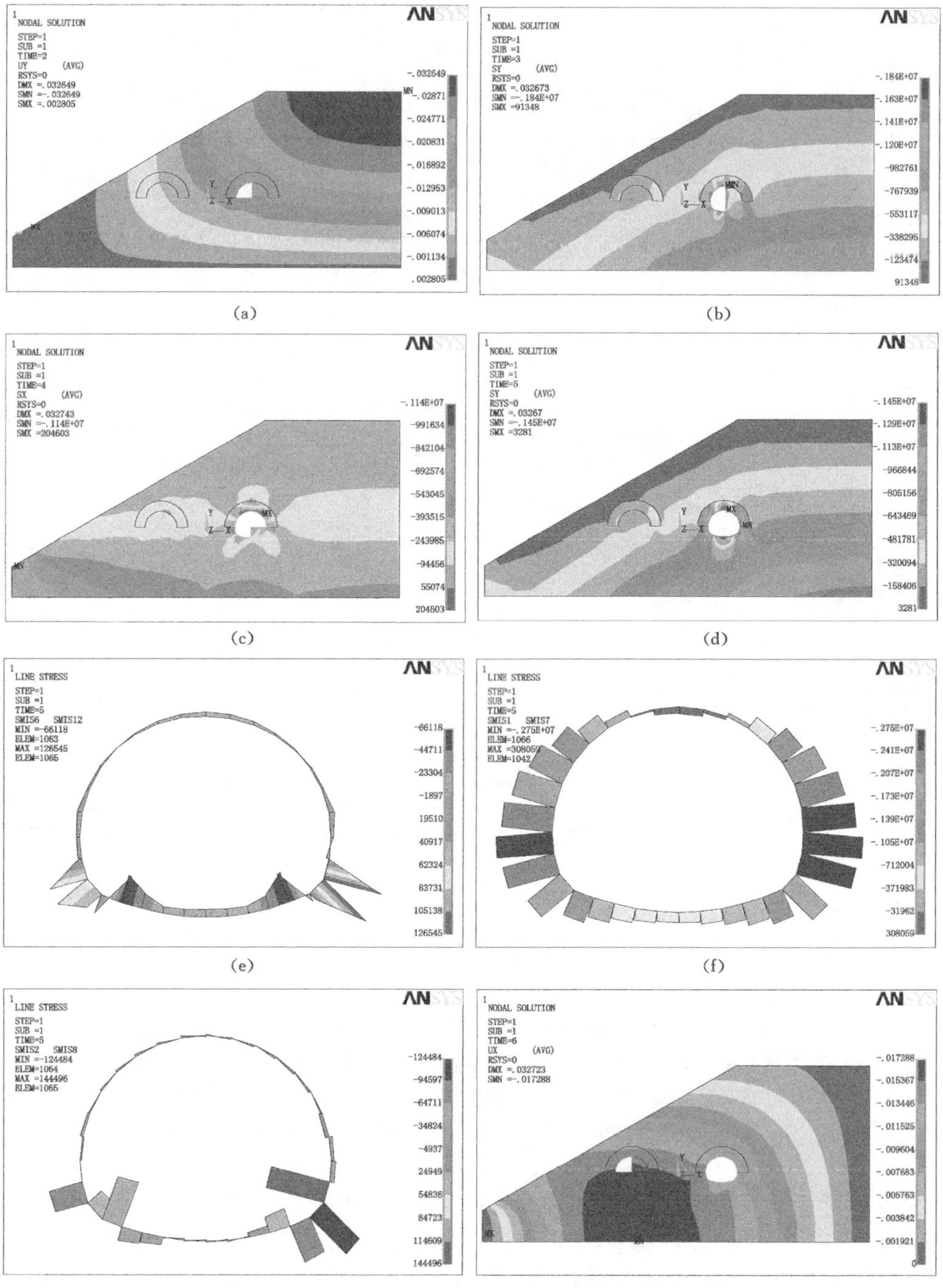

图 4-40　按先左洞后右洞开挖的施工顺序开挖模拟计算的结果

(a) 右隧道左上部分开挖 Y 方向位移图(m)；(b) 右隧道左下部分开挖 Y 方向应力图(Pa)；
(c) 右隧道右上部分开挖 X 方向应力图(Pa)；(d) 右隧道右下部分开挖 Y 方向应力图(Pa)；
(e) 右隧道喷射混凝土弯矩图(N・m)；(f) 右隧道喷射混凝土轴力图(N)；
(g) 右隧道喷射混凝土剪力图(N)；(h) 左隧道左上部分开挖 X 方向位移图(m)

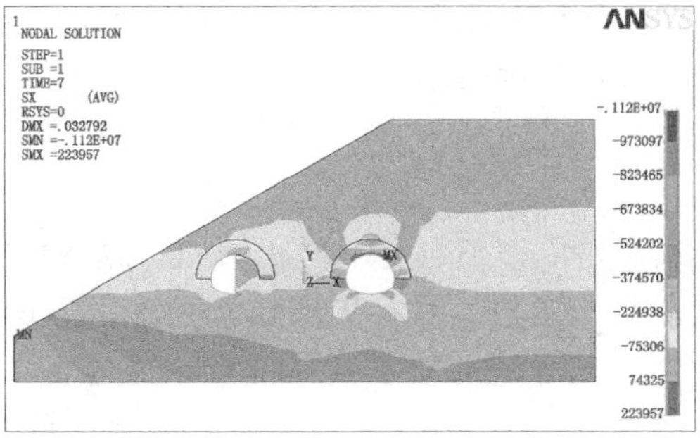

(i)

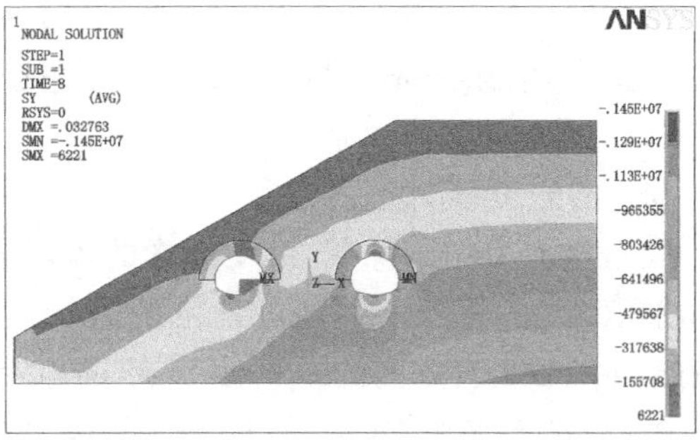

(j)

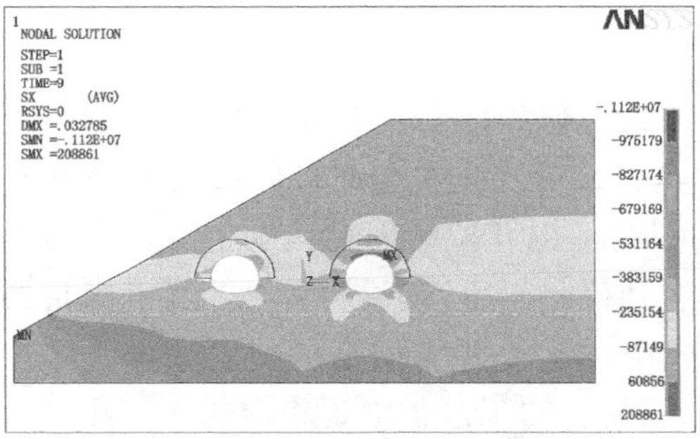

(k)

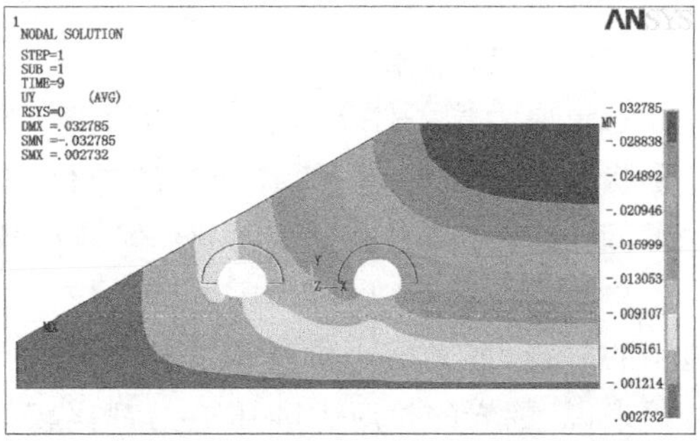

(l)

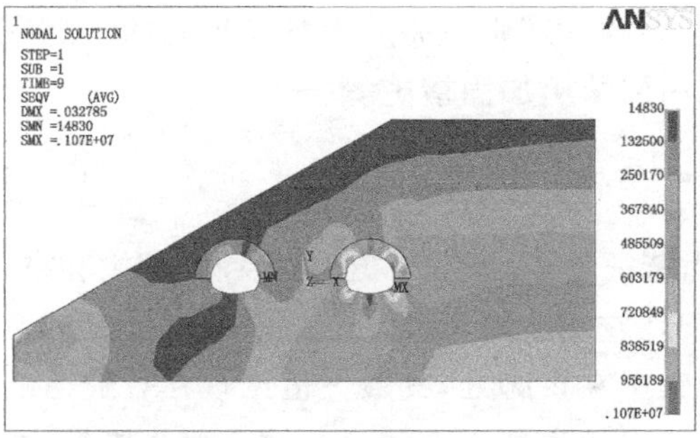

(m)

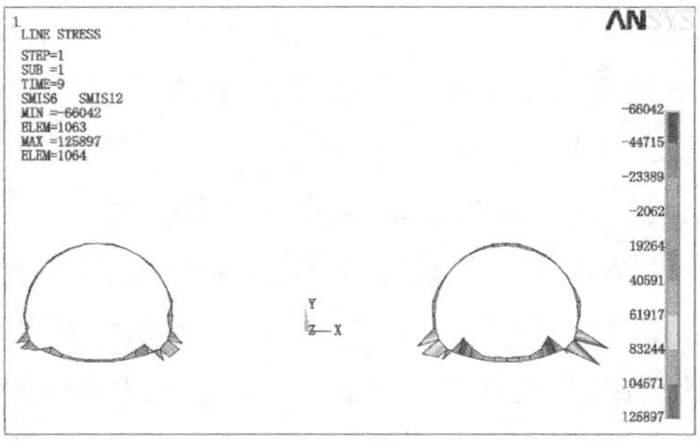

(n)

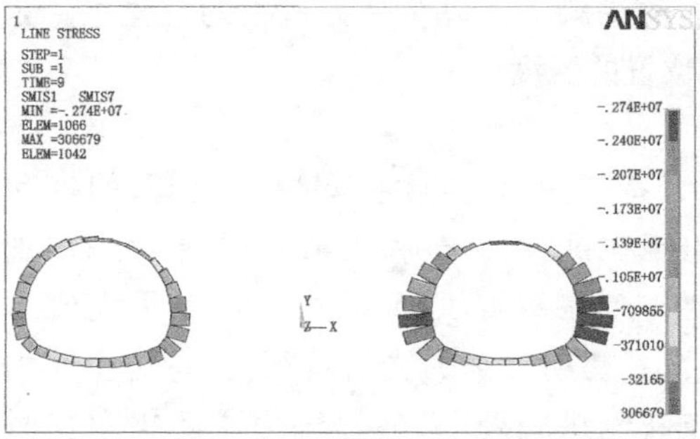

(o)

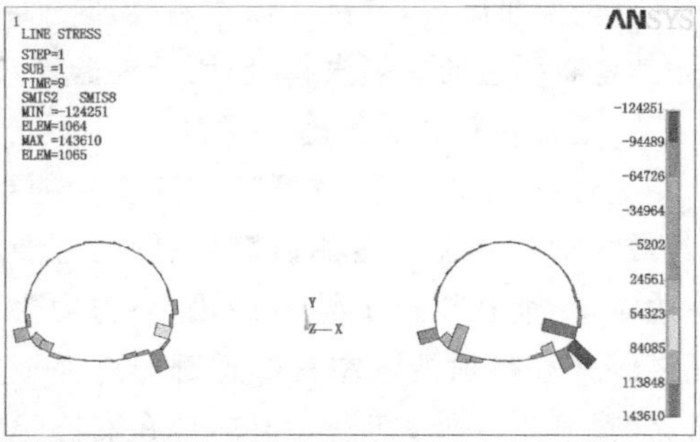

(p)

续图 4-40　按先左洞后右洞开挖的施工顺序开挖模拟计算的结果

(i) 左隧道左下部分开挖 X 方向应力图(Pa)；(j) 左隧道右上部分开挖 Y 方向应力图(Pa)；
(k) 左隧道右下部分开挖 X 方向应力图(Pa)；(l) 左隧道右下部分开挖 Y 方向位移图(Pa)；
(m) 左隧道右下部分开挖等效应力图(Pa)；(n) 左右隧道喷射混凝土弯矩图(N·m)；
(o) 左右隧道喷射混凝土轴力图(N)；(p) 左右隧道喷射混凝土剪力图(N)

道对围岩应力的影响不大，而施工埋深较大一侧的隧道对围岩应力的影响比较大。

综上所述：采用先左洞再右洞的施工顺序是合理最优的。

2. 围岩稳定性分析

(1) 围岩位移变化

在自重应力场条件下，由于地形的偏压导致初始位移场也是不对称的，其地形的竖向位移场形状为左下偏 U 形；随着开挖的进行，总体上其围岩的位移场形状都是水平方向为右上偏 U 形，而竖直方向为左下偏 U 形，但是在隧道的左上方则具有 V 形，V 形的底点指向隧道中心；最大水平方向和竖直方向的围岩位移不到 1.0 mm，说明随着隧道施工的进行，位移的变形量不大，是稳定的。

(2) 围岩应力变化

在自重应力场条件下，由于地形的偏压导致初始位移场也是不对称的，其地形的竖向应力场形状为左上偏 U 形；随着开挖的进行，总体上其围岩应力场的形状都是水平方向为近似水平，而竖直方向为左上偏 U 形，但是在隧道周围，因开挖的影响而发生了较大的应力变化。由自重应力场可以看出，围岩竖向应力场在两侧趋于平行，说明计算边界是满足的。随着施工的进行，最大 Y 方向压应力增加了 1.2 MPa，最大 X 方向压应力几乎没有增加。但是总的来说，围岩的拉应力和压应力都比较小，围岩在施工过程中是稳定的。

(3) 洞周收敛变化

随着施工的进行，由于拱顶围岩重量增加，导致隧道修建完成后其拱顶总的下沉有所增加，增加比较大，要采取措施改善这一点，可采用回填土加固措施等。

3. 初期支护受力特征

(1) 先左洞后右洞的施工顺序

左隧道施工完成后，左洞的初期支护的受力特征为：弯矩主要集中在拱脚、仰拱和拱顶处，其最大值出现在右侧拱脚处；轴力的最大值出现在左侧边墙上和左右拱脚处。左右隧道都施工完成后，其初期支护的受力特征为：弯矩主要集中在拱脚处，其最大值出现在右隧道的右侧拱脚处；轴力主要集中在两侧拱脚和边墙上，其最大值出现在右隧道的左右侧拱脚处；剪力主要出现在两侧拱脚处，其最大值在右隧道的左右侧拱脚处。说明受力最大的位置主要是拱脚处，尤其是右隧道的右侧拱脚处，因此要验算该位置的强度。

(2) 先右洞后左洞的施工顺序

左隧道施工完成后，右洞的初期支护的受力特征为：弯矩主要集中在拱脚、仰拱和拱顶处，其最大值出现在左右侧拱脚处；轴力主要出现在拱脚、仰拱和拱顶处，其最大值出现在左右侧边墙上，而在拱顶上轴力比较小；剪力主要出现在两侧拱脚和拱顶处，其最大值出现在右侧拱脚处和拱顶处。左右隧道都施工完成后，其初期支护的受力特征为：弯矩主要集中在拱脚、仰拱和拱顶处，其最大值出现在右隧道左右侧拱脚处；右隧道轴力主要集中在两侧拱脚、仰拱和边墙上，而左隧道轴力主要集中在左侧拱脚、左侧仰拱和左侧边墙上，但其最大值出现在右隧道的左右侧拱脚处；剪力主要出现在两侧拱脚处，其最大值出现在右隧道的左右侧拱脚处以及拱顶处。说明受力最大的位置主要是拱脚处，尤其是右隧道的左右拱脚处，因此要验算该位置的强度。

总的来说，不同的施工方法和施工顺序下，隧道初期支护的受力特征是不相同的：在先左洞后右洞的施工顺序条件下，受力最大的位置在右隧道的右侧拱脚处；在先右洞后左洞的施工顺序条件下，受力最大的位置在右隧道的左右侧拱脚处。

第六节　数值分析的数据文件

一、构建模型

```
/NOPR                                   ！菜单过滤设置
/PMETH,OFF,0
KEYW,PR_SET,1
KEYW,PR_STRUC,1                         ！保留结构分析部分菜单
/COM,
/COM,Preferences for GUI filtering have been set to display:
/COM,  Structural
/PREP7                                  ！进入前处理器
ET,1,PLANE42                            ！设置实体单元类型
KEYOPT,1,1,0
KEYOPT,1,2,0
KEYOPT,1,3,2                            ！设置为平面应变模式
KEYOPT,1,5,0
KEYOPT,1,6,0
ET,2,PLANE42                            ！设置实体单元类型
KEYOPT,2,1,0
KEYOPT,2,2,0
KEYOPT,2,3,2                            ！设置为平面应变模式
KEYOPT,2,5,0
KEYOPT,2,6,0
ET,3,BEAM3                              ！设置梁单元类型
R,1,0.25,1.5e-3,0.25,,,,                ！设置梁单元几何常数
MPTEMP,,,,,,,,
MPTEMP,1,0
MPDATA,EX,1,,0.8e9                      ！输入弹性模量(围岩)
MPDATA,PRXY,1,,0.38                     ！输入泊松比(围岩)
MPDATA,DENS,1,,2000                     ！输入密度(围岩)
TB,DP,1,,,                              ！采用DP准则进行弹塑性分析
TBMODIF,1,1,0.2e6                       ！输入黏聚力(围岩)
TBMODIF,1,2,30                          ！输入摩擦角(围岩)
TBMODIF,1,3,
MPTEMP,,,,,,,,
MPTEMP,1,0
```

```
MPDATA,EX,2,,3.2e9                ! 输入弹性模量(加固圈)
MPDATA,PRXY,2,,0.32               ! 输入泊松比(加固圈)
MPDATA,DENS,2,,2200               ! 输入密度(加固圈)
TB,DP,2,,,! 采用 DP 准则
TBMODIF,1,1,0.5e6                 ! 输入黏聚力(加固圈)
TBMODIF,1,2,35                    ! 输入摩擦角(加固圈)
TBMODIF,1,3,
MPDATA,EX,3,,27.5e9               ! 输入弹性模量(喷射混凝土)
MPDATA,PRXY,3,,0.2                ! 输入泊松比(喷射混凝土)
MPDATA,DENS,3,,2500               ! 输入密度(喷射混凝土)
SAVE                              ! 保存数据库
K,1,0,0,,                         ! 创建计算区域轮廓线关键点
K,2,65,-22.3,,
K,3, -65,-22.3,,
K,4,65,37.1,,
K,5,19.6,37.1,,
K,6,-65,-11.8,,
K,7,-44.6,-22.3,,
K,8,-44.6,0,,
K,9,65,0,,
K,10,15,-22.3,,
K,11,-15,-22.3,,
K,12,-15,17.1,,
K,13,15,34.4,,
K,14,-15,1.169,,                  ! 创建隧道轮廓线关键点,上半圆圆心
K,15,-18.408,0.22,,               ! 左下拱脚圆心
K,16,-15.022,7.887,,              ! 仰拱圆心
K,17,0,25.742,,
K,18,0,-22.3,,
K,27,-11.636,0.22,,               ! 右下拱脚圆心
save
circle,14,5.4
circle,15,1.905
circle,27,1.905
LDELE,5,6,1,1                     ! 删除左右下拱脚圆的部分线
LDELE,8,11,1 ,1
LOVLAP,12,4
LOVLAP,7,3
LDELE,6,10,2
```

```
LDELE,12
LDELE,13,16,3
NUMMRG,ALL, , , ,LOW                   ! 合并所有元素
NUMCMP,ALL                             ! 压缩所有编号
FLST,2,3,4,ORDE,3                      ! 做加运算
FITEM,2,4
FITEM,2,5
FITEM,2,6
LCOMB,P51X, ,0
FLST,2,3,4,ORDE,3                      ! 做加运算
FITEM,2,3
FITEM,2,7
FITEM,2,8
LCOMB,P51X, ,0
NUMMRG,ALL, , , ,LOW                   ! 合并所有元素
NUMCMP,ALL                             ! 压缩所有编号
circle, 16,10.178                      ! 画仰拱圆
LOVLAP,3,7                             ! 做叠加布尔运算
LOVLAP,4,8
LDELE,19                               ! 删除部分线
LDELE,5,7,1
LDELE,10,11,1
LDELE,14,16,2
FLST,2,4,4,ORDE,4                      ! 做线加布尔运算
FITEM,2,9
FITEM,2,12
FITEM,2,-13
FITEM,2,15
LCOMB,P51X, ,0
FLST,2,3,4,ORDE,3                      ! 做线加布尔运算
FITEM,2,3
FITEM,2,17
FITEM,2,-18
LCOMB,P51X, ,0
Circle,14,8.9                          ! 画上半圆(加固圈)
Circle,15,5.405                        ! 画左下拱脚圆(加固圈)
Circle,25,5.405                        ! 画右下拱脚圆(加固圈)
ldele,8,12,2
ldele,13,15,1
```

```
LOVLAP,6,11                          ！做叠加布尔运算
LOVLAP,7,16
ldele,10,14,2                        ！删除部分线
ldele,17,19,2
ldele,11
circle, 16,13.678                    ！画仰拱圆(加固圈)
LOVLAP,11,13                         ！做叠加布尔运算
LOVLAP,12,18
ldele,10,11,1                        ！删除部分线
ldele,23,26,3
ldele,7,17,10
ldele,14,22,8
FLST,2,5,4,ORDE,5                    ！做线加布尔运算
FITEM,2,8
FITEM,2,15
FITEM,2,-16
FITEM,2,19
FITEM,2,21
LCOMB,P51X, ,0
FLST,2,5,4,ORDE,5                    ！做线加布尔运算
FITEM,2,6
FITEM,2,13
FITEM,2,20
FITEM,2,24
FITEM,2,-25
LCOMB,P51X, ,0
FLST,3,8,4,ORDE,4                    ！对称操作,由左隧道镜像成右隧道
FITEM,3,1
FITEM,3,-6
FITEM,3,8
FITEM,3,-9
LSYMM,X,P51X, , , ,0,0
NUMMRG,ALL, , , ,LOW                 ！合并所有元素
NUMCMP,ALL                           ！压缩所有编号
SAVE                                 ！所画出的隧道轮廓图
k,56,0,1.169,0,                      ！创建关键点,为画其他直线做准备
k,57,30.044,1.169,0,
k,58,30.044,-22.3,0,
k,59,30.044,37.1,0,
```

```
k,60,15,1.169,0,
LSTR,    3,    7          ! 画计算区域线和分块线
LSTR,    7,    8
LSTR,    8,    6
LSTR,    6,    3
LSTR,    7,   11
LSTR,   11,   18
LSTR,   18,   10
LSTR,   10,   58
LSTR,   58,    2
LSTR,    2,    9
LSTR,    9,    4
LSTR,    4,   59
LSTR,   59,    5
LSTR,    5,   13
LSTR,   13,   17
LSTR,   17,   12
LSTR,   12,    8
LSTR,   21,   14
LSTR,   14,   19
LSTR,   14,   20
LSTR,   14,   31
LSTR,   44,   60
LSTR,   60,   46
LSTR,   60,   45
LSTR,   60,   47
LSTR,   45,   53
LSTR,   46,   54
LSTR,   47,   55
LSTR,   44,   52
LSTR,   52,   56
LSTR,   54,   57
LSTR,   57,   59
LSTR,   57,   58
LSTR,   55,   10
LSTR,   56,   17
LSTR,   56,   18
LSTR,   53,   13
LSTR,   19,   32
```

```
LSTR,    32,    56
LSTR,    51,    11
LSTR,    33,    12
LSTR,    20,    33
LSTR,    21,    34
LSTR,    34,     8
LSTR,    31,    51
LSTR,    57,     9
/PNUM,KP,0                                    ! 不显示关键点编号
/PNUM,LINE,1                                  ! 显示线编号
/PNUM,AREA,0                                  ! 不显示面编号
/PNUM,VOLU,0                                  ! 不显示体编号
/PNUM,NODE,0                                  ! 不显示节点编号
! *
/PNUM,ELEM,0                                  ! 不显示单元编号
/REPLOT                                       ! 重新绘制
! *
LPLOT                                         ! 绘制线图,带编号
SAVE                                          ! 保存数据库
Al,  35,   1,   36,                           ! 采用线创建面,依次创建 27 个面
Al,  36,   2,   34,
Al,  34,   9,   37,
Al,  37,   3,   35,                           ! 左隧道内核心土 4 个面绘制完成
Al,  54,   4,   58,   1,
Al,  58,   5,   59,   2,
Al,  59,   8,   61,   9,
Al,  61,   6,   54,   3,                      ! 左隧道加固圈土 4 个面绘制完成
Al,  39,  10,   40,
Al,  40,   7,   38,
Al,  38,  11,   41,
Al,  41,  16,   39,                           ! 右隧道内核心土 4 个面绘制完成
Al,  43,  13,   42,  10,
Al,  42,  12,   45,   7,
Al,  45,  14,   44,  11,
Al,  44,  15,   43,  16,                      ! 右隧道加固圈土 4 个面绘制完成
Al,  55,  51,   32,  57,   4,
Al,  57,  33,   60,   5,
Al,  60,  18,   21,  56,   8,
Al,  56,  22,   52,  55,   6,                 ! 左隧道外围 4 个面绘制完成
```

```
Al,  47,   48,   29,   30,   53,   13,
Al,  53,   31,   51,   46,   12,
Al,  46,   52,   23,   50,   14,
Al,  50,   24,   49,   47,   15,      ! 右隧道外围 4 个面绘制完成
Al,  18,   19,   20,   17,            ! 左侧边境 1 个面绘制完成
Al,  49,   25,   26,   62,
Al,  62,   27,   28,   48,            ! 右侧边境 2 个面绘制完成
/PNUM,KP,0
/PNUM,LINE,0
/PNUM,AREA,1
APLOT                                 ! 绘制带编号的面
SAVE                                  ! 保存数据
lesize,1,,,8,,,,,1                    ! 设置单元大小，即 L1 线划分成 8 个单元
TYPE,      1                          ! 设置将要创建单元的类型
MAT,       1                          ! 设置将要创建单元的材料
REAL,      1                          ! 设置将要创建单元的几何常数
lesize,35,,,8,,,,,1
lesize,36,,,8,,,,,1
lesize,34,,,8,,,,,1
lesize,37,,,8,,,,,1
lesize,2,,,8,,,,,1
lesize,9,,,8,,,,,1
lesize,3,,,8,,,,,1
lesize,39,,,8,,,,,1
lesize,40,,,8,,,,,1
lesize,38,,,8,,,,,1
lesize,41,,,8,,,,,1
lesize,7,,,8,,,,,1
lesize,10,,,8,,,,,1
lesize,11,,,8,,,,,1
lesize,16,,,8,,,,,1
lesize,4,,,8,,,,,1
lesize,5,,,8,,,,,1
lesize,6,,,8,,,,,1
lesize,8,,,8,,,,,1
lesize,33,,,8,,,,,1
lesize,54,,,4,,,,,1
lesize,58,,,4,,,,,1
lesize,59,,,4,,,,,1
```

```
lesize,61,,,4,,,,,1
lesize,43,,,4,,,,,1
lesize,42,,,4,,,,,1
lesize,45,,,4,,,,,1
lesize,44,,,4,,,,,1
lesize,55,,,4,,,,,1
lesize,57,,,4,,,,,1
lesize,60,,,4,,,,,1
lesize,56,,,4,,,,,1
lesize,47,,,4,,,,,1
lesize,53,,,4,,,,,1
lesize,46,,,4,,,,,1
lesize,50,,,4,,,,,1
lesize,51,,,4,,,,,1
lesize,32,,,4,,,,,1
lesize,22,,,4,,,,,1
lesize,52,,,4,,,,,1
lesize,18,,,4,,,,,1
lesize,21,,,4,,,,,1
lesize,20,,,4,,,,,1
lesize,19,,,4,,,,,1
lesize,23,,,4,,,,,1
lesize,31,,,4,,,,,1
lesize,26,,,4,,,,,1
lesize,25,,,10,,,,,1
lesize,62,,,10,,,,,1
lesize,30,,,1,,,,,1
lesize,29,,,2,,,,,1
lesize,48,,,5,,,,,1
lesize,27,,,5,,,,,1
lesize,17,,,4,,,,,1
lesize,24,,,4,,,,,1
lesize,49,,,4,,,,,1
lesize,28,,,10,,,,,1
/PNUM,LINE,1                        ! 显示线编号
LPLOT                               ! 绘制线图,带编号和单元数
AMAP,1,14,19,20,                    ! 划分面 1,进行映射划分
AMAP,2,14,20,21,
AMAP,3,14,21,31,
```

```
AMAP,4,14,31,19,                  ! 面 1 到 4,为左隧道内开挖土体
AMAP,9,60,46,45,
AMAP,10,60,45,44,
AMAP,11,60,44,47,
AMAP,12,60,47,46,                 ! 面 9 到 12,为右隧道内开挖土体
AMAP,7,21,34,51,31
AMAP,8,31,51,32,19                ! 面 7 和 8,为左隧道仰拱下土体
AMAP,15,44,52,55,47
AMAP,16,47,55,54,46               ! 面 15 和 16,为右隧道仰拱下土体
TYPE,  1                          ! 转换为加固圈土体单元类型和材料
MAT,   2
AMAP,5,19,32,33,20                ! 划分左隧道加固圈土体
AMAP,6,20,33,34,21
AMAP,13,46,54,53,45               ! 划分右隧道加固圈土体
AMAP,14,45,53,52,44
TYPE,  1                          ! 转换为普通土体单元类型和材料
MAT,   1
AMAP,17,32,56,12,33               ! 划分左隧道周边区域面
AMAP,18,33,12,8,34
AMAP,19,34,8,11,51
AMAP,20,51,11,56,32
AMAP,21,54,57,13,53               ! 划分右隧道周边区域面
AMAP,22,53,13,56,52
AMAP,23,52,56,10,55
AMAP,24,55,10,57,54
AMAP,25,7,8,6,3                   ! 划分左隧道边界面
AMAP,26,58,2,9,57
AMAP,27,57,9,4,59
SAVE                              ! 保存数据,本次共划分成 1 002 个四边形单元
TYPE,       2                     ! 设置将要创建单元的类型
MAT,        3                     ! 设置将要创建单元的材料
REAL,       1                     ! 设置将要创建单元的几何常数
E,2,11                            ! 通过两个节点创建梁单元
E,11,12
E,12,13
E,13,14
E,14,15
E,15,16
E,16,17
```

```
E,17,10
E,10,63
E,63,64
E,64,65
E,65,66
E,66,67
E,67,68
E,68,69
E,69,62
E,62,122
E,122,123
E,123,124
E,124,125
E,125,126
E,126,127
E,127,128
E,128,114
E,114,172
E,172,171
E,171,170
E,170,169
E,169,168
E,168,167
E,167,166
E,166,2                          ！以上梁单元为左隧道喷射混凝土部分
SAVE                             ！保存数据
E,211,226
E,226,225
E,225,224
E,224,223
E,223,222
E,222,221
E,221,220
E,220,219
E,219,278
E,278,277
E,277,276
E,276,275
E,275,274
```

```
E,274,273
E,273,272
E,272,271
E,271,331
E,331,332
E,332,333
E,333,334
E,334,335
E,335,336
E,336,337
E,337,323
E,323,381
E,381,380
E,380,379
E,379,378
E,378,377
E,377,376
E,376,375
E,375,211                              ! 以上梁单元为右隧道喷射混凝土部分
SAVE                                   ! 保存数据
TYPE,     2                            ! 设置将要创建单元的类型
MAT,      3                            ! 设置将要创建单元的材料
REAL,     1                            ! 设置将要创建单元的几何常数
E,1 ,18                                ! 通过两个节点创建梁单元
E,18,19
E,19,20
E,20,21
E,21,22
E,22,23
E,23,24
E,24,10
E,1,76
E,76,75
E,75,74
E,74,73
E,73,72
E,72,71
E,71,70
E,70,62
```

```
E,1,115
E,115,116
E,116,117
E,117,118
E,118,119
E,119,120
E,120,121
E,121,114
E,1,3
E,3,4
E,4,5
E,5,6
E,6,7
E,7,8
E,8,9
E,9,2                        ! 以上梁单元为左隧道临时支撑喷射混凝土部分
SAVE                         ! 保存数据
E,210,227
E,227,228
E,228,229
E,229,230
E,230,231
E,231,232
E,232,233
E,233,219
E,210,285
E,285,284
E,284,283
E,283,282
E,282,281
E,281,280
E,280,279
E,279,271
E,210,324
E,324,325
E,325,326
E,326,327
E,327,328
E,328,329
```

```
E,329,330
E,330,323
E,210,212
E, 212,213
E,213,214
E,214,215
E,215,216
E,216,217
E,217,218
E,218,211
FINISH
SAVE
```

二、先左洞后右洞开挖求解

```
/SOLU
ANTYPE,STATIC                 ! 求解设定
DELTIM,0.01
AUTOTS,ON
PRED,ON
LNSRCH,ON
NLGEOM,ON
NROPT,FULL                    ! 施加约束
NSEL,S,LOC,X,-65.1,-64.9
NSEL,A,LOC,X,64.9,65.1
d,all,ux,0                    ! 在选择的节点上施加"Ux"约束
Allsel                        ! 选择所有内容
NSEL,S,LOC,Y,-22.5,-22.1
d,all,uy,0                    ! 在选择的节点上施加"Uy"约束
ACEL, 0, 10, 0                ! 在Y方向施加重力加速度
SAVE
Allsel                        ! 选择所有内容
ESEL,S,TYPE,,2                ! 选择2类单元
Ekill,all                     ! 对选择的单元给予"死属性"
NSEL,ALL
ESEL,ALL
TIME,1
SOLVE                         ! 自重应力下求解
SAVE
/post1
```

```
PLNSOL,U,Y,0,1
PLNSOL,S,Y,0,1
finish
SAVE

/SOL
Allsel                          ! 选择所有内容
ESEL,S,TYPE,,2                  ! 选择 2 类单元
Ekill,all                       ! 对选择的单元给予“死属性
Allsel                          ! 选择所有内容
lsel,s,,,2,,,                   ! 选择梁单元所在的线
lsel,a,,,34,36,2,
NSLL,R,1                        ! 选择线上的节点
ESLN,R,1                        ! 选择节点上的单元
ESEL,R,TYPE,,2                  ! 选择 2 类单元
Ealive,all                      ! 对选择的单元给予“生属性”
ALLSEL,ALL
ASEL,S, , , 2                   ! 选择左洞左上部分土体面
ESLA,R                          ! 选择左洞左上部分土体单元
Ekill,all                       ! 对选择的单元给予“死属性
ESEL,ALL
ESEL,S,LIVE
NSLE,S
NSEL,INVE
D,ALL,ALL,0
NSEL,ALL
ESEL,ALL
TIME,2
SOLVE                           ! 左洞上台阶左边开挖求解
SAVE
/post1
PLNSOL,U,X,0,1                  ! X 方向位移
PLNSOL,U,Y,0,1                  ! Y 方向位移
PLNSOL,S,X,0,1                  ! X 方向应力
PLNSOL,S,Y,0,1                  ! Y 方向应力
Finish                          ! 求解结束返回 Main Menu 主菜单
SAVE

/SOL
```

```
Allsel                          ! 选择所有内容
ESEL,S,TYPE,,2                  ! 选择 2 类单元
Ekill,all                       ! 对选择的单元给予"死属性"
Allsel                          ! 选择所有内容
lsel,s,,,2,9,7,                 ! 选择梁单元所在的线
lsel,a,,,36,37,1,
NSLL,R,1                        ! 选择线上的节点
ESLN,R,1                        ! 选择节点上的单元
ESEL,R,TYPE,,2                  ! 选择 2 类单元
Ealive,all                      ! 对选择的单元给予"生属性"
ALLSEL,ALL
ASEL,S, , ,        2,3,1        ! 选择左洞左上部分和左下部分土体面
ESLA,R                          ! 选择左洞左上部分和左下部分土体单元
Ekill,all                       ! 对选择的单元给予"死属性"
ESEL,ALL
ESEL,S,LIVE
NSLE,S
NSEL,INVE
D,ALL,ALL,0
NSEL,ALL
ESEL,ALL
TIME,3
SOLVE                           ! 左洞上台阶左边开挖求解
SAVE
/post1
PLNSOL,U,X,0,1                  ! X 方向位移
PLNSOL,U,Y,0,1                  ! Y 方向位移
PLNSOL,S,X,0,1                  ! X 方向应力
PLNSOL,S,Y,0,1                  ! Y 方向应力
Finish                          ! 求解结束返回 Main Menu 主菜单
SAVE

/SOL
Allsel                          ! 选择所有内容
ESEL,S,TYPE,,2                  ! 选择 2 类单元
Ekill,all                       ! 对选择的单元给予"死属性"
Allsel                          ! 选择所有内容
lsel,s,,,1,2,1,                 ! 选择梁单元所在的线
lsel,a,,,35,37,2,
```

```
lsel,a,,,9,,,
NSLL,R,1                          ! 选择线上的节点
ESLN,R,1                          ! 选择节点上的单元
ESEL,R,TYPE,,2                    ! 选择 2 类单元
Ealive,all                        ! 对选择的单元给予“生属性”
ALLSEL,ALL
ASEL,S, , ,        1,3,1          ! 选择左洞左上、左下和右上部分土体面
ESLA,R                            ! 选择左洞左上、左下和右上部分土体单元
Ekill,all                         ! 对选择的单元给予“死属性”
ESEL,ALL
ESEL,S,LIVE
NSLE,S
NSEL,INVE
D,ALL,ALL,0
NSEL,ALL
ESEL,ALL
TIME,4
SOLVE                             ! 左洞上台阶左边开挖求解
SAVE
/post1
PLNSOL,U,X,0,1                    ! X 方向位移
PLNSOL,U,Y,0,1                    ! Y 方向位移
PLNSOL,S,X,0,1                    ! X 方向应力
PLNSOL,S,Y,0,1                    ! Y 方向应力
Finish                            ! 求解结束返回 Main Menu 主菜单
SAVE

/SOL
Allsel                            ! 选择所有内容
ESEL,S,TYPE,,2                    ! 选择 2 类单元
Ekill,all                         ! 对选择的单元给予“死属性”
Allsel                            ! 选择所有内容
lsel,s,,,1,2,1,                   ! 选择梁单元所在的线
lsel,a,,,3,9,6,
NSLL,R,1                          ! 选择线上的节点
ESLN,R,1                          ! 选择节点上的单元
ESEL,R,TYPE,,2                    ! 选择 2 类单元
Ealive,all                        ! 对选择的单元给予“生属性”
ALLSEL,ALL
```

```
ASEL,S, , ,          1,4,1        ! 选择左洞全部核心土体面
ESLA,R                            ! 选择左洞全部核心土体单元
Ekill,all                         ! 对选择的单元给予“死属性”
ESEL,ALL
ESEL,S,LIVE
NSLE,S
NSEL,INVE
D,ALL,ALL,0
NSEL,ALL
ESEL,ALL
TIME,5
SOLVE                             ! 左洞上台阶左边开挖求解
SAVE

/post1
PLDISP,1                          ! 绘制变形图
PLNSOL,U,X,0,1                    ! X 方向位移
PLNSOL,U,Y,0,1                    ! Y 方向位移
PLNSOL,S,X,0,1                    ! X 方向应力
PLNSOL,S,Y,0,1                    ! Y 方向应力
PLNSOL,S,1,0,1                    ! 第一主应力
PLNSOL,S,3,0,1                    ! 第三主应力
PLNSOL,S,EQV,0,1                  ! 等效应力
PLNSOL,EPPL,EQV,0,1               ! 塑性应变
ETABLE, ,SMISC,1                  ! 创建梁单元内力表
ETABLE, ,SMISC,7
ETABLE, ,SMISC,2
ETABLE, ,SMISC,8
ETABLE, ,SMISC,6
ETABLE, ,SMISC,12
ESEL,S,LIVE                       ! 选择“属性为活”的单元
ESEL,R,TYPE,,2                    ! 选择单元类型为 2 的所有单元
/REPLOT                           ! 重新绘制图形
PLLS,SMIS1,SMIS7,0.2,0            ! 画轴力图,显示比例为 0.2
PLLS,SMIS2,SMIS8,0.2,0            ! 画剪力图,显示比例为 0.2
PLLS,SMIS6,SMIS12,-0.2,0          ! 画弯矩图,显示比例为-0.2

/SOL
Allsel                            ! 选择所有内容
```

```
ESEL,S,TYPE,,2                  ! 选择 2 类单元
Ekill,all                       ! 对选择的单元给予“死属性”
Allsel                          ! 选择所有内容
lsel,s,,,1,2,1,                 ! 选择左隧道梁单元所在的线
lsel,a,,,3,9,6,
lsel,a,,,7                      ! 选择右隧道左上部分梁单元所在的线
lsel,a,,,38,40,2,
NSLL,R,1                        ! 选择线上的节点
ESLN,R,1                        ! 选择节点上的单元
ESEL,R,TYPE,,2                  ! 选择 2 类单元
Ealive,all                      ! 对选择的单元给予“生属性”
ALLSEL,ALL
ASEL,S, , ,        1,4,1        ! 选择左洞全部土体面
ASEL,a, , ,        10           ! 选择右洞左上部分土体面
ESLA,R                          ! 选择左洞全部和右洞左上部分土体单元
Ekill,all                       ! 对选择的单元给予“死属性”
ESEL,ALL
ESEL,S,LIVE
NSLE,S
NSEL,INVE
D,ALL,ALL,0
NSEL,ALL
ESEL,ALL
TIME,6
SOLVE                           ! 左洞上台阶左边开挖求解
SAVE
/post1
PLNSOL,U,X,0,1                  ! X 方向位移
PLNSOL,U,Y,0,1                  ! Y 方向位移
PLNSOL,S,X,0,1                  ! X 方向应力
PLNSOL,S,Y,0,1                  ! Y 方向应力
Finish                          ! 求解结束返回 Main Menu 主菜单
SAVE

/SOL
Allsel                          ! 选择所有内容
ESEL,S,TYPE,,2                  ! 选择 2 类单元
Ekill,all                       ! 对选择的单元给予“死属性”
Allsel                          ! 选择所有内容
```

```
lsel,s,,,1,2,1,                ! 选择左隧道梁单元所在的线
lsel,a,,,3,9,6,
lsel,a,,,7,11,4,               ! 选择右隧道左上部分和左下部分梁单元所在的线
lsel,a,,,40,41,1,
NSLL,R,1                       ! 选择线上的节点
ESLN,R,1                       ! 选择节点上的单元
ESEL,R,TYPE,,2                 ! 选择 2 类单元
Ealive,all                     ! 对选择的单元给予“生属性”
ALLSEL,ALL
ASEL,S, , , 1,4,1              ! 选择左洞全部土体面
ASEL,a, , , 10,11,1            ! 选择右洞左上部分和左下部分土体面
ESLA,R                         ! 选择左洞全部、右洞左上和左下部分土体单元
Ekill,all                      ! 对选择的单元给予“死属性”
ESEL,ALL
ESEL,S,LIVE
NSLE,S
NSEL,INVE
D,ALL,ALL,0
NSEL,ALL
ESEL,ALL
TIME,7
SOLVE                          ! 左洞上台阶左边开挖求解
SAVE
/post1
PLNSOL,U,X,0,1                 ! X 方向位移
PLNSOL,U,Y,0,1                 ! Y 方向位移
PLNSOL,S,X,0,1                 ! X 方向应力
PLNSOL,S,Y,0,1                 ! Y 方向应力
Finish                         ! 求解结束返回 Main Menu 主菜单
SAVE

/SOL
Allsel                         ! 选择所有内容
ESEL,S,TYPE,,2                 ! 选择 2 类单元
Ekill,all                      ! 对选择的单元给予“死属性”
Allsel                         ! 选择所有内容
lsel,s,,,1,2,1,                ! 选择左隧道梁单元所在的线
lsel,a,,,3,9,6,
lsel,a,,,7,11,4,               ! 选择右隧道左上、左下和右上部分梁单元所在的线
```

```
lsel,a,,,39,41,2,
lsel,a,,,10,
NSLL,R,1                        ! 选择线上的节点
ESLN,R,1                        ! 选择节点上的单元
ESEL,R,TYPE,,2                  ! 选择 2 类单元
Ealive,all                      ! 对选择的单元给予“生属性”
ALLSEL,ALL
ASEL,S,,,       1,4,1           ! 选择左洞全部土体面
ASEL,A,,,       9,11,1          ! 选择右洞左上、左下和右上部分土体面
ESLA,R                          ! 选择所选面上部分土体单元
Ekill,all                       ! 对选择的单元给予“死属性”
ESEL,ALL
ESEL,S,LIVE
NSLE,S
NSEL,INVE
D,ALL,ALL,0
NSEL,ALL
ESEL,ALL
TIME,8
SOLVE                           ! 左洞上台阶左边开挖求解
SAVE
/post1
PLNSOL,U,X,0,1                  ! X 方向位移
PLNSOL,U,Y,0,1                  ! Y 方向位移
PLNSOL,S,X,0,1                  ! X 方向应力
PLNSOL,S,Y,0,1                  ! Y 方向应力
Finish                          ! 求解结束返回 Main Menu 主菜单
SAVE

/SOL
Allsel                          ! 选择所有内容
ESEL,S,TYPE,,2                  ! 选择 2 类单元
Ekill,all                       ! 对选择的单元给予“死属性”
Allsel                          ! 选择所有内容
lsel,s,,,1,2,1,                 ! 选择左隧道梁单元所在的线
lsel,a,,,3,9,6,
lsel,a,,,7,11,4,                ! 选择右隧道梁单元所在的线
lsel,a,,,10,16,6,
NSLL,R,1                        ! 选择线上的节点
```

```
ESLN,R,1                         ! 选择节点上的单元
ESEL,R,TYPE,,2                   ! 选择 2 类单元
Ealive,all                       ! 对选择的单元给予“生属性”
ALLSEL,ALL
ASEL,S, , ,        1,4,1         ! 选择左洞全部土体面
ASEL,a, , ,        9,12,1        ! 选择右洞全部土体面
ESLA,R                           ! 选择所选面上部分土体单元
Ekill,all                        ! 对选择的单元给予“死属性”
ESEL,ALL
ESEL,S,LIVE
NSLE,S
NSEL,INVE
D,ALL,ALL,0
NSEL,ALL
ESEL,ALL
TIME,9
SOLVE                            ! 左洞上台阶左边开挖求解
SAVE

/post1
PLDISP,1                         ! 绘制变形图
PLNSOL,U,X,0,1                   ! X 方向位移
PLNSOL,U,Y,0,1                   ! Y 方向位移
PLNSOL,S,X,0,1                   ! X 方向应力
PLNSOL,S,Y,0,1                   ! Y 方向应力
PLNSOL,S,1,0,1                   ! 第一主应力
PLNSOL,S,3,0,1                   ! 第三主应力
PLNSOL,S,EQV,0,1                 ! 等效应力
PLNSOL,EPPL,EQV,0,1              ! 塑性应变
ETABLE, ,SMISC,1                 ! 创建梁单元内力表
ETABLE, ,SMISC, 7
ETABLE, ,SMISC, 2
ETABLE, ,SMISC,8
ETABLE, ,SMISC,6
ETABLE, ,SMISC,12
ESEL,S,LIVE                      ! 选择“属性为活”的单元
ESEL,R,TYPE,,2                   ! 选择单元类型为 2 的所有单元
/REPLOT                          ! 重新绘制图形
PLLS,SMIS1,SMIS7,0.2,0           ! 画轴力图,显示比例为 0.2
```

```
PLLS,SMIS2,SMIS8,0.2,0          ! 画剪力图,显示比例为 0.2
PLLS,SMIS6,SMIS12,−0.2,0        ! 画弯矩图,显示比例为−0.2
```

三、先右洞后左洞开挖

```
/SOLU
ANTYPE,STATIC                   ! 求解设定
DELTIM,0.01
AUTOTS,ON
PRED,ON
LNSRCH,ON
NLGEOM,ON
NROPT,FULL                      ! 施加约束
NSEL,S,LOC,X,−65.1,−64.9
NSEL,A,LOC,X,64.9,65.1
d,all,ux,0                      ! 在选择的节点上施加"Ux"约束
Allsel                          ! 选择所有内容
NSEL,S,LOC,Y,−22.5,−22.1
d,all,uy,0                      ! 在选择的节点上施加"Uy"约束
ACEL, 0, 10, 0                  ! 在 Y 方向施加重力加速度
SAVE
Allsel                          ! 选择所有内容
ESEL,S,TYPE,,2                  ! 选择 2 类单元
Ekill,all                       ! 对选择的单元给予"死属性"
NSEL,ALL
ESEL,ALL
TIME,1
SOLVE                           ! 自重应力下求解
SAVE
/post1
PLNSOL,U,Y,0,1
PLNSOL,S,Y,0,1
finish
SAVE

/SOL
Allsel                          ! 选择所有内容
ESEL,S,TYPE,,2                  ! 选择 2 类单元
Ekill,all                       ! 对选择的单元给予"死属性"
Allsel                          ! 选择所有内容
```

```
lsel,s,,,7,,,                 ! 选择梁单元所在的线
lsel,a,,,38,40,2,
NSLL,R,1                      ! 选择线上的节点
ESLN,R,1                      ! 选择节点上的单元
ESEL,R,TYPE,,2                ! 选择 2 类单元
Ealive,all                    ! 对选择的单元给予"生属性"
ALLSEL,ALL
ASEL,S, , , 10                ! 选择左洞左上部分土体面
ESLA,R                        ! 选择左洞左上部分土体单元
Ekill,all                     ! 对选择的单元给予"死属性"
ESEL,ALL
ESEL,S,LIVE
NSLE,S
NSEL,INVE
D,ALL,ALL,0
NSEL,ALL
ESEL,ALL
TIME,2
SOLVE                         ! 左洞上台阶左边开挖求解
SAVE
/post1
PLNSOL,U,X,0,1                ! X 方向位移
PLNSOL,U,Y,0,1                ! Y 方向位移
PLNSOL,S,X,0,1                ! X 方向应力
PLNSOL,S,Y,0,1                ! Y 方向应力
Finish                        ! 求解结束返回 Main Menu 主菜单
SAVE


/SOL
Allsel                        ! 选择所有内容
ESEL,S,TYPE,,2                ! 选择 2 类单元
Ekill,all                     ! 对选择的单元给予"死属性"
Allsel                        ! 选择所有内容
lsel,s,,,7,11,4,              ! 选择梁单元所在的线
lsel,a,,,40,41,1,
NSLL,R,1                      ! 选择线上的节点
ESLN,R,1                      ! 选择节点上的单元
ESEL,R,TYPE,,2                ! 选择 2 类单元
```

```
Ealive,all                    ! 对选择的单元给予"生属性"
ALLSEL,ALL
ASEL,S, , , 10,11,1           ! 选择左洞左上部分和左下部分土体面
ESLA,R                        ! 选择左洞左上部分和左下部分土体单元
Ekill,all                     ! 对选择的单元给予"死属性"
ESEL,ALL
ESEL,S,LIVE
NSLE,S
NSEL,INVE
D,ALL,ALL,0
NSEL,ALL
ESEL,ALL
TIME,3
SOLVE                         ! 左洞上台阶左边开挖求解
SAVE
/post1
PLNSOL,U,X,0,1                ! X 方向位移
PLNSOL,U,Y,0,1                ! Y 方向位移
PLNSOL,S,X,0,1                ! X 方向应力
PLNSOL,S,Y,0,1                ! Y 方向应力
Finish                        ! 求解结束返回 Main Menu 主菜单
SAVE

/SOL
Allsel                        ! 选择所有内容
ESEL,S,TYPE,,2                ! 选择 2 类单元
Ekill,all                     ! 对选择的单元给予"死属性"
Allsel                        ! 选择所有内容
lsel,s,,,10,11,1,             ! 选择梁单元所在的线
lsel,a,,,39,41,2,
lsel,a,,,7,,,
NSLL,R,1                      ! 选择线上的节点
ESLN,R,1                      ! 选择节点上的单元
ESEL,R,TYPE,,2                ! 选择 2 类单元
Ealive,all                    ! 对选择的单元给予"生属性"
ALLSEL,ALL
ASEL,S, , ,  9,11,1           ! 选择左洞左上、左下和右上部分土体面
ESLA,R                        ! 选择左洞左上、左下和右上部分土体单元
Ekill,all                     ! 对选择的单元给予"死属性"
```

```
ESEL,ALL
ESEL,S,LIVE
NSLE,S
NSEL,INVE
D,ALL,ALL,0
NSEL,ALL
ESEL,ALL
TIME,4
SOLVE                        ! 左洞上台阶左边开挖求解
SAVE
/post1
PLNSOL,U,X,0,1               ! X 方向位移
PLNSOL,U,Y,0,1               ! Y 方向位移
PLNSOL,S,X,0,1               ! X 方向应力
PLNSOL,S,Y,0,1               ! Y 方向应力
Finish                       ! 求解结束返回 Main Menu 主菜单
SAVE

/SOL
Allsel                       ! 选择所有内容
ESEL,S,TYPE,,2               ! 选择 2 类单元
Ekill,all                    ! 对选择的单元给予"死属性"
Allsel                       ! 选择所有内容
lsel,s,,,10,11,1,            ! 选择梁单元所在的线
lsel,a,,,7,16,9,
NSLL,R,1                     ! 选择线上的节点
ESLN,R,1                     ! 选择节点上的单元
ESEL,R,TYPE,,2               ! 选择 2 类单元
Ealive,all                   ! 对选择的单元给予"生属性"
ALLSEL,ALL
ASEL,S, , ,  9,12,1          ! 选择左洞全部核心土体面
ESLA,R                       ! 选择左洞全部核心土体单元
Ekill,all                    ! 对选择的单元给予"死属性"
ESEL,ALL
ESEL,S,LIVE
NSLE,S
NSEL,INVE
D,ALL,ALL,0
NSEL,ALL
```

```
ESEL,ALL
TIME,5
SOLVE                          ！左洞上台阶左边开挖求解
SAVE

/post1
PLDISP,1                       ！绘制变形图
PLNSOL,U,X,0,1                 ！X 方向位移
PLNSOL,U,Y,0,1                 ！Y 方向位移
PLNSOL,S,X,0,1                 ！X 方向应力
PLNSOL,S,Y,0,1                 ！Y 方向应力
PLNSOL,S,1,0,1                 ！第一主应力
PLNSOL,S,3,0,1                 ！第三主应力
PLNSOL,S,EQV,0,1               ！等效应力
PLNSOL,EPPL,EQV,0,1            ！塑性应变
ETABLE, ,SMISC,1               ！创建梁单元内力表
ETABLE, ,SMISC, 7
ETABLE, ,SMISC, 2
ETABLE, ,SMISC,8
ETABLE, ,SMISC,6
ETABLE, ,SMISC,12
ESEL,S,LIVE                    ！选择"属性为活"的单元
ESEL,R,TYPE,,2                 ！选择单元类型为 2 的所有单元
/REPLOT                        ！重新绘制图形
PLLS,SMIS1,SMIS7,0.2,0         ！画轴力图,显示比例为 0.2
PLLS,SMIS2,SMIS8,0.2,0         ！画剪力图,显示比例为 0.2
PLLS,SMIS6,SMIS12,-0.2,0       ！画弯矩图,显示比例为-0.2
SAVE

/SOL
Allsel                         ！选择所有内容
ESEL,S,TYPE,,2                 ！选择 2 类单元
Ekill,all                      ！对选择的单元给予"死属性"
Allsel                         ！选择所有内容
lsel,s,,,10,11,1,              ！选择左隧道梁单元所在的线
lsel,a,,,7,16,9,
lsel,a,,,2                     ！选择右隧道左上部分梁单元所在的线
lsel,a,,,34,36,2,
NSLL,R,1                       ！选择线上的节点
```

```
ESLN,R,1                       ! 选择节点上的单元
ESEL,R,TYPE,,2                 ! 选择 2 类单元
Ealive,all                     ! 对选择的单元给予"生属性"
ALLSEL,ALL
ASEL,S, , ,  9,12,1            ! 选择左洞全部土体面
ASEL,a, , ,     2              ! 选择右洞左上部分土体面
ESLA,R                         ! 选择左洞全部和右洞左上部分土体单元
Ekill,all                      ! 对选择的单元给予"死属性"
ESEL,ALL
ESEL,S,LIVE
NSLE,S
NSEL,INVE
D,ALL,ALL,0
NSEL,ALL
ESEL,ALL
TIME,6
SOLVE                          ! 左洞上台阶左边开挖求解
SAVE
/post1
PLNSOL,U,X,0,1                 ! X 方向位移
PLNSOL,U,Y,0,1                 ! Y 方向位移
PLNSOL,S,X,0,1                 ! X 方向应力
PLNSOL,S,Y,0,1                 ! Y 方向应力
Finish                         ! 求解结束返回 Main Menu 主菜单
SAVE

/SOL
Allsel                         ! 选择所有内容
ESEL,S,TYPE,,2                 ! 选择 2 类单元
Ekill,all                      ! 对选择的单元给予"死属性"
Allsel                         ! 选择所有内容
lsel,s,,,10,11,1,              ! 选择左隧道梁单元所在的线
lsel,a,,,7,16,9,
lsel,a,,,2,9,7,                ! 选择右隧道左上和左下部分梁单元所在的线
lsel,a,,,36,37,1,
NSLL,R,1                       ! 选择线上的节点
ESLN,R,1                       ! 选择节点上的单元
ESEL,R,TYPE,,2                 ! 选择 2 类单元
Ealive,all                     ! 对选择的单元给予"生属性"
```

```
ALLSEL,ALL
ASEL,S, , , 9,12,1                    ! 选择左洞全部土体面
ASEL,a, , , 2,3,1                     ! 选择右洞左上和左下部分土体面
ESLA,R                                ! 选择左洞全部、右洞左上和左下部分土体单元
Ekill,all                             ! 对选择的单元给予“死属性”
ESEL,ALL
ESEL,S,LIVE
NSLE,S
NSEL,INVE
D,ALL,ALL,0
NSEL,ALL
ESEL,ALL
TIME,7
SOLVE                                 ! 左洞上台阶左边开挖求解
SAVE
/post1
PLNSOL,U,X,0,1                        ! X 方向位移
PLNSOL,U,Y,0,1                        ! Y 方向位移
PLNSOL,S,X,0,1                        ! X 方向应力
PLNSOL,S,Y,0,1                        ! Y 方向应力
Finish                                ! 求解结束返回 Main Menu 主菜单
SAVE

/SOL
Allsel                                ! 选择所有内容
ESEL,S,TYPE,,2                        ! 选择 2 类单元
Ekill,all                             ! 对选择的单元给予“死属性”
Allsel                                ! 选择所有内容
lsel,s,,,1,2,1,                       ! 选择左隧道梁单元所在的线
lsel,a,,,10,16,6,
lsel,a,,,7,11,4,                      ! 选择右隧道左上、左下和右上部分梁单元所在的线
lsel,a,,,35,37,2,
lsel,a,,,9,
NSLL,R,1                              ! 选择线上的节点
ESLN,R,1                              ! 选择节点上的单元
ESEL,R,TYPE,,2                        ! 选择 2 类单元
Ealive,all                            ! 对选择的单元给予“生属性”
ALLSEL,ALL
ASEL,S, , ,        1,3,1              ! 选择左洞全部土体面
```

```
ASEL,A, , ,        9,12,1     ! 选择右洞左上、左下和右上部分土体面
ESLA,R                        ! 选择所选面上部分土体单元
Ekill,all                     ! 对选择的单元给予“死属性”
ESEL,ALL
ESEL,S,LIVE
NSLE,S
NSEL,INVE
D,ALL,ALL,0
NSEL,ALL
ESEL,ALL
TIME,8
SOLVE                         ! 左洞上台阶左边开挖求解
SAVE
/post1
PLNSOL,U,X,0,1                ! X 方向位移
PLNSOL,U,Y,0,1                ! Y 方向位移
PLNSOL,S,X,0,1                ! X 方向应力
PLNSOL,S,Y,0,1                ! Y 方向应力
Finish                        ! 求解结束返回 Main Menu 主菜单
SAVE

/SOL
Allsel                        ! 选择所有内容
ESEL,S,TYPE,,2                ! 选择 2 类单元
Ekill,all                     ! 对选择的单元给予“死属性”
Allsel                        ! 选择所有内容
lsel,s,,,1,2,1,               ! 选择左隧道梁单元所在的线
lsel,a,,,3,9,6,
lsel,a,,,7,11,4,              ! 选择右隧道梁单元所在的线
lsel,a,,,10,16,6,
NSLL,R,1                      ! 选择线上的节点
ESLN,R,1                      ! 选择节点上的单元
ESEL,R,TYPE,,2                ! 选择 2 类单元
Ealive,all                    ! 对选择的单元给予“生属性”
ALLSEL,ALL
ASEL,S, , ,        1,4,1      ! 选择左洞全部土体面
ASEL,a, , ,        9,12,1     ! 选择右洞全部土体面
ESLA,R                        ! 选择所选面上部分土体单元
Ekill,all                     ! 对选择的单元给予“死属性”
```

```
ESEL,ALL
ESEL,S,LIVE
NSLE,S
NSEL,INVE
D,ALL,ALL,0
NSEL,ALL
ESEL,ALL
TIME,9
SOLVE                         ! 左洞上台阶左边开挖求解
SAVE

/post1
PLDISP,1                      ! 绘制变形图
PLNSOL,U,X,0,1                ! X 方向位移
PLNSOL,U,Y,0,1                ! Y 方向位移
PLNSOL,S,X,0,1                ! X 方向应力
PLNSOL,S,Y,0,1                ! Y 方向应力
PLNSOL,S,1,0,1                ! 第一主应力
PLNSOL,S,3,0,1                ! 第三主应力
PLNSOL,S,EQV,0,1              ! 等效应力
PLNSOL,EPPL,EQV,0,1           ! 塑性应变
ETABLE, ,SMISC,1              ! 创建梁单元内力表
ETABLE, ,SMISC, 7
ETABLE, ,SMISC, 2
ETABLE, ,SMISC,8
ETABLE, ,SMISC,6
ETABLE, ,SMISC,12
ESEL,S,LIVE                   ! 选择“属性为活”的单元
ESEL,R,TYPE,,2                ! 选择单元类型为 2 的所有单元
/REPLOT                       ! 重新绘制图形
PLLS,SMIS1,SMIS7,0.2,0        ! 画轴力图,显示比例为 0.2
PLLS,SMIS2,SMIS8,0.2,0        ! 画剪力图,显示比例为 0.2
PLLS,SMIS6,SMIS12,-0.2,0      ! 画弯矩图,显示比例为-0.2
```

第五章　双联拱隧道全断面法开挖模拟

公路双连拱隧道具有线型流畅，引线占地面积少等显著特点，对地形复杂山区高速公路的线型布设，节省总体工程投资有重要意义，特别是在山区高速公路修建短隧道（隧道长≤500 m）中，具有较大的优势而常被使用。但由于它的高跨比很小（$H/B<0.5$）隧道开挖和支护相对于分离隧道要复杂，在施工中往往遇到很多困难，所以施工单位和设计单位都很关心隧道建设中围岩的稳定性以及初期支护、二次衬砌的受力和安全性，这时结构分析在连拱隧道的设计和施工中就显得非常重要了[41]。

第一节　开挖模拟的基本思想

隧道开挖时破坏了岩体内原有的应力平衡，围岩应力场及位移场的变化，一般都是通过卸荷过程来实现的。对上述过程的模拟通常所采用的方法有两种：邓肯（J. M. Duncna）等人提出的“反转应力释放法”和“地应力自动释放法”。

“反转应力释放法”是把沿开挖边界上的初始地应力反向后转换成等价的“释放荷载”，施加于开挖边界，在不考虑初始地应力的情况下进行有限元分析，将由此得到的围岩位移作为由于工程开挖卸载产生的岩体位移，由此得到的应力场与初始应力场叠加即为开挖后的应力场。

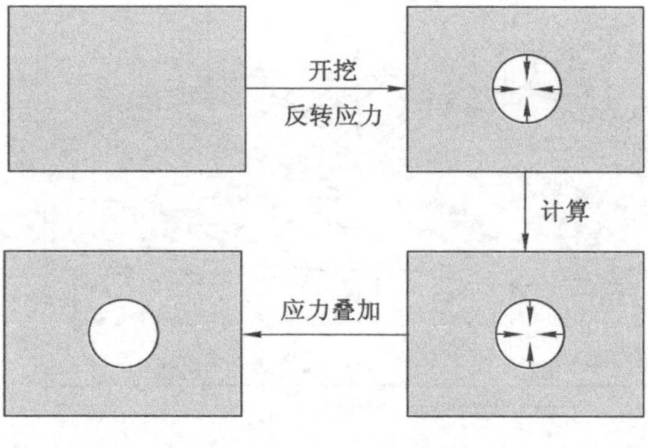

图 5-1　反转应力释放法

“地应力自动释放法”则是认为洞室的开挖打破了开挖边界上各点初始的应力平衡状态，开挖边界上的节点受力不平衡，为获得新的力学平衡，围岩就要产生相应的变形，引起应力的重分布，从而直接得到开挖后围岩的应力场和位移场。

“施加虚拟支撑力逐步释放法”是在“地应力自动释放法”的基础上，通过在开挖边界施加虚拟支撑力的方法，来模拟围岩的逐步卸载，该方法对隧道施工过程的模拟连续进行，不

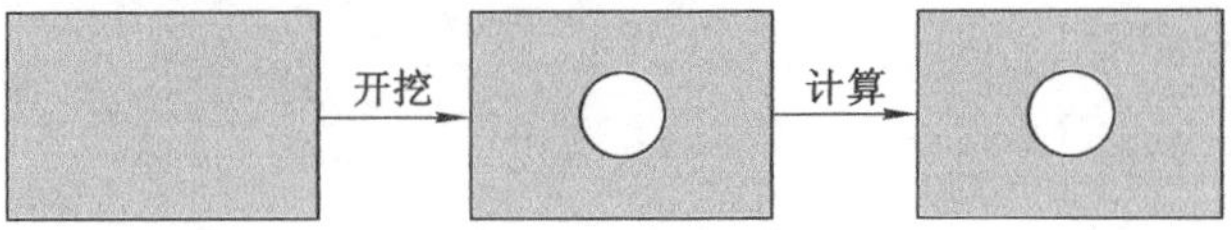

图 5-2　地应力自动释放法

需要应力和位移的叠加，使得分析过程更为简单，也更符合施工实际。本书中对双连拱隧道施工过程的模拟主要采用此种方法。

中导正洞全断面法（以下简称全断面法）修建连拱隧道时，先进行中导开挖，待中导贯通且中墙浇筑完成后，进行左右洞全断面开挖，随后施作衬砌支护及二次衬砌，必要时可施作仰拱。

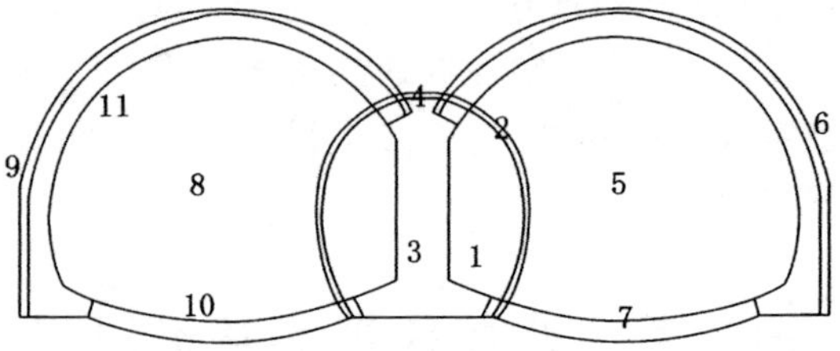

图 5-3　中导正洞全断面法施工工序示意图

第二节　计算模型

计算模型采用线弹性平面应变模型，岩体初始应力场仅考虑其自重应力，隧道初期支护只考虑锚杆和喷混凝土的作用，二次衬砌作为安全储备。围岩为Ⅱ类，假设开挖瞬间地应力释放 40％，初期支护施作后释放其余 60％。隧道设计断面如图 5-4 所示。

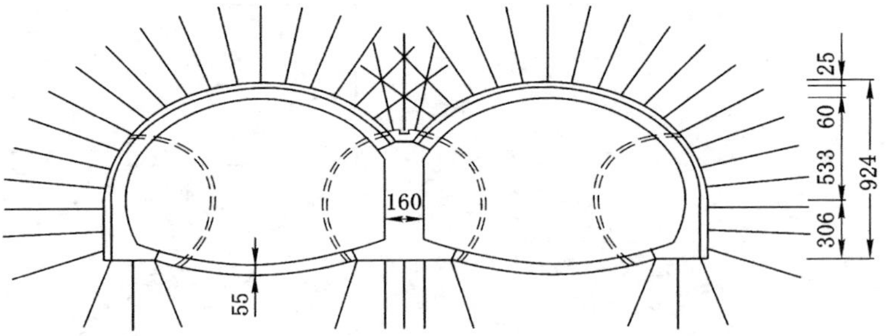

图 5-4　双连拱隧道支护结构图

在进行有限元计算时，岩体和混凝土使用平面四节点等参单元模拟，锚杆用杆单元模拟，围岩及混凝土的物理力学参数依据《公路隧道设计规范》（JTG D70/2—2014）中相关参数确定，不计中墙配筋。与工程实际中锚杆对围岩的加固作用相比，按平面应变模型计算时，人为地加大了锚杆的支护作用。为了解决这一问题，通过与三维计算结果比较，将锚杆的弹性模量折减为标准的 85％。

第三节　隧道模型构建

（1）CAD 模型导入 ANSYS 软件中。首先，在 CAD 软件中绘制如图 5-3 所示洞室轮廓线，考虑到洞室为对称模型，故描绘了模型的一半线条，然后定义线条之间所有面域，并输出为 SAT 模型格式。然后，在 ANSYS 软件中导入 SAT 模型文件，操作步骤：File>Import>SAT。最后，重置实体单元，操作步骤：PlotCtrls >Best Quality Image >Reset to Globals。

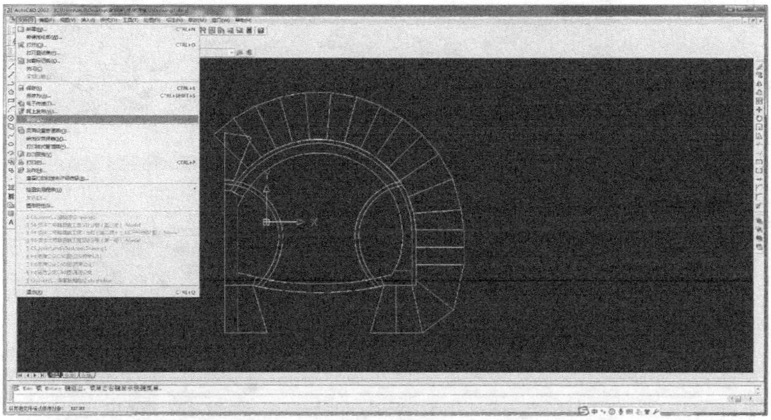

（a）

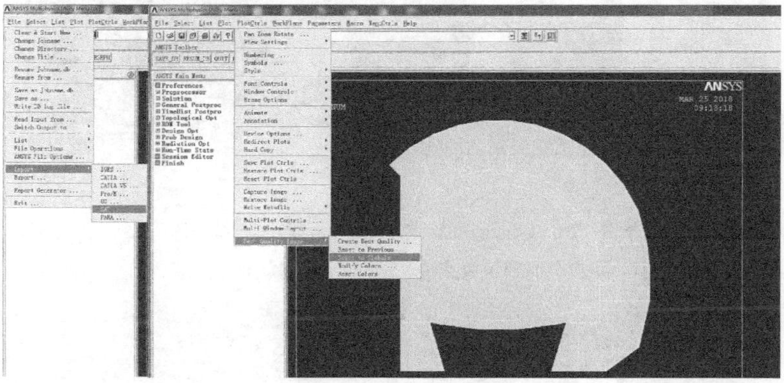

（b）

图 5-5　将 CAD 模型导入 ANSYS 软件中

(a) CAD 软件输出 SAT 模型文件；(b) 输入 SAT 文件并重置实体单元

（2）设置模型的单元类型。添加平面四节点实体单元，操作步骤：Main Menu> Preprocessor> Element Type>Add / Edit / Delete >Add。将添加的实体单元定义平面应变单元：Main Menu / Preprocessor / Element Type / Add / Edit / Delete。如图 5-6 所示。

定义锚杆单元属性：Main Menu / Preprocessor / Element Type / Add / Edit / Delete。定义锚杆单元实常数：Main Menu / Preprocessor / Real Constants / Add / Edit / Delete。如图 5-7 所示。

输入材料参数，参数如表 5-1 所列。操作步骤：① 输入材料的弹性模量和泊松比值：Main Menu>Preprocessor>Material Props>Material Models>Material Model Number 1

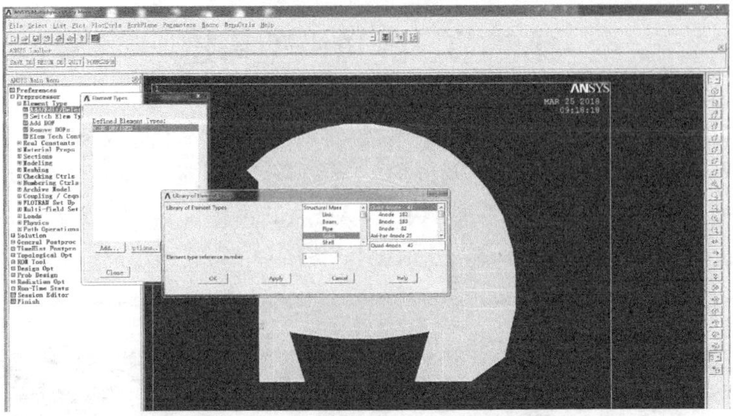

(a)

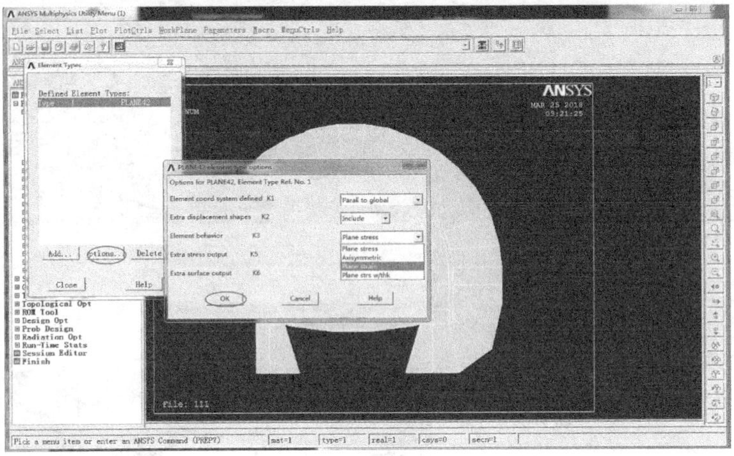

(b)

图 5-6　平面四节点实体单元添加与定义

(a) 添加平面四节点实体单元;(b) 定义平面应变单元

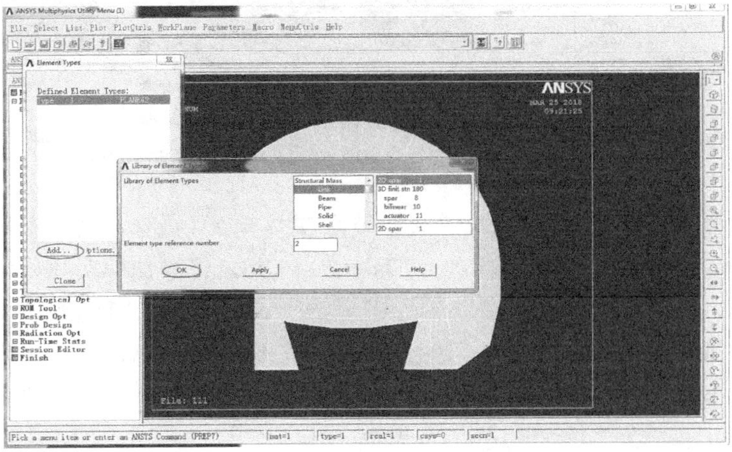

(a)

图 5-7　定义锚杆单元属性

(a) 锚杆单元属性

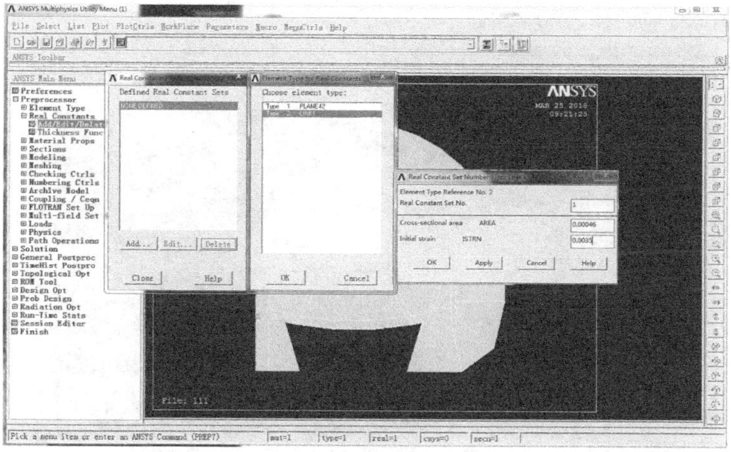

(b)

续图 5-7　定义锚杆单元属性

(b) 锚杆单元实常数

> Structural>Linear>Elastec>Isotropic，其中“EX”为弹性模量，单位为 Pa，“PRXY”为泊松比；② 输入材料的密度值：Preprocessor >Material Props>Material Models>Material Model Number 1 > Structural >Density，密度单位为 kg/m^3。如图 5-8 所示。

表 5-1　　**有限元计算物理力学参数**

材料类型	弹性模量 E/GPa	泊松比 μ	重度 $\gamma/(kN/m^3)$
Ⅱ类围岩	1.20	0.4	20.0
C20 混凝土	26.0	0.2	23.0
C25 混凝土	28.5	0.2	24.0
锚杆	170.0	0.3	78.0

(3) 创建隧道模型。创建一个平面，隧道距离顶部 50 m，左右横空 100 m，隧道距离模型底部 30 m。操作步骤：Main Menu>Preprocessor>Modeling>Create>Areas>Rectan-

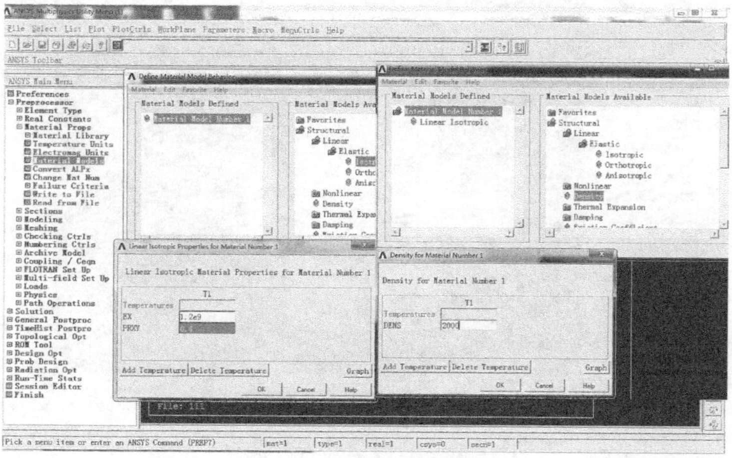

图 5-8　材料参数输入

gle>By Dimensions。如图 5-9 所示。

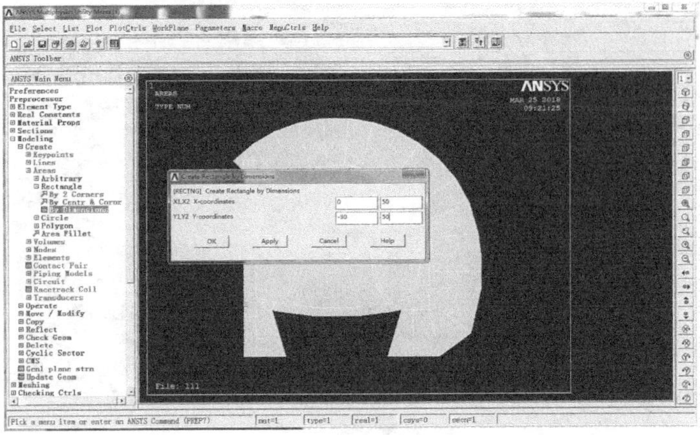

图 5-9　创建矩形平面

合并压缩所有编号，操作步骤：Preprocessor / Numbering Ctrls / Merge Itemts；Preprocessor / Numbering Ctrls / Compress Numbers。如图 5-10 所示。

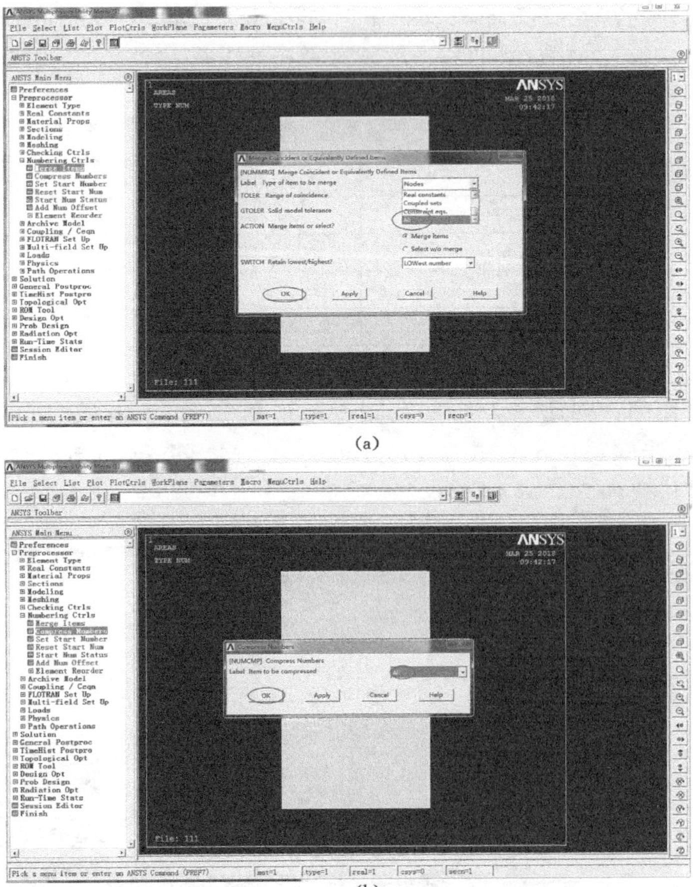

(a)

(b)

图 5-10　合并压缩所有编号

(a) 合并所有元素；(b) 压缩所有编号

利用布尔运算切割出隧道模型，操作步骤：Main Menu＞Preprocessor＞Modeling＞Operate＞Booleans＞Divide＞Area by Line。如图 5-11 所示。

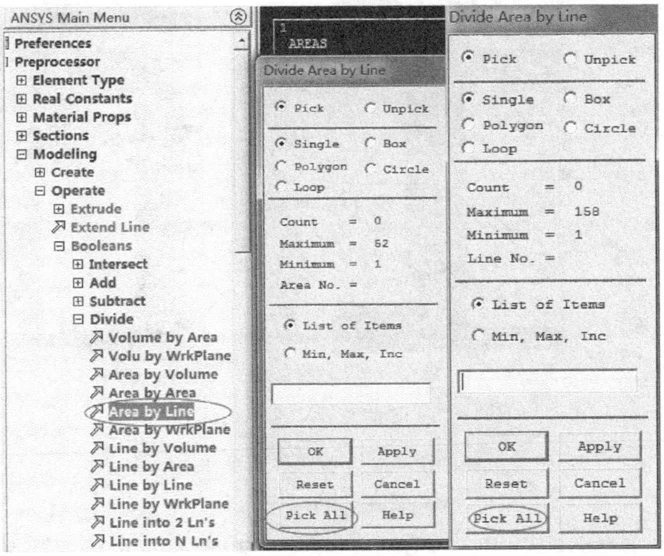

图 5-11　布尔运算

布尔运算后，镜像图中会多出一个小三角形面，将小三角形以 Y 轴为对称轴进行镜像操作，目的是为了镜像生成整体隧道模型。镜像图中小三角形：Main Menu＞Preprocessor＞Modeling＞Reflect＞Areas。镜像后删除图中小三角形面和三角形外部的两条线，操作步骤：Main Menu＞Preprocessor＞Modeling＞Delete＞Areas 和 Line and Below。如图5-12所示。

对上一步模型得到的面进行交叠运算。首先对模型进行合并压缩实体：Preprocessor /

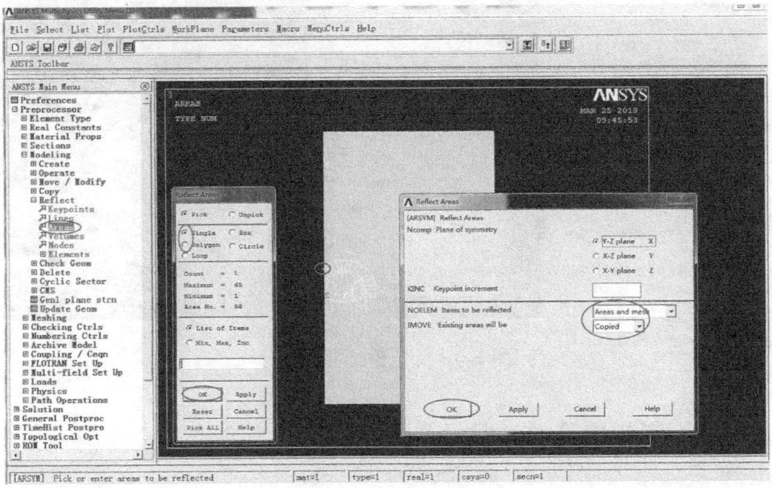

(a)

图 5-12　小三角形操作

(a) 镜像复制小三角形

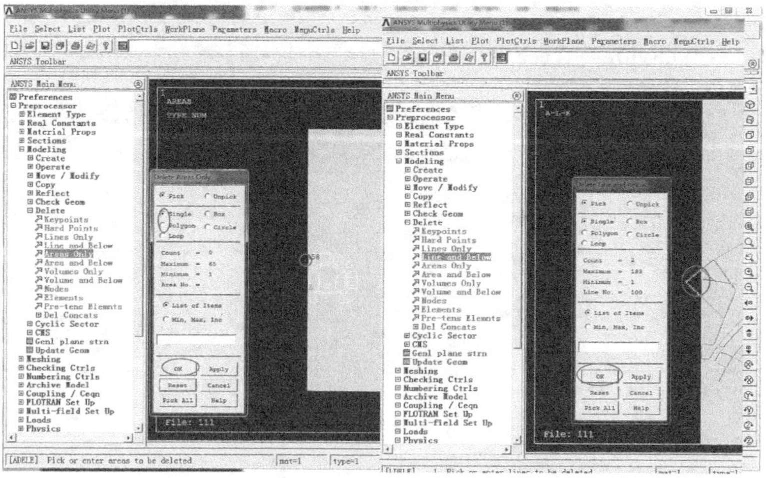

(b)

续图 5-12　小三角形操作

(b) 删除多余的小三角形

Numbering Ctrls / Merge Itemts；Preprocessor>Numbering Ctrls>Compress Numbers。对模型进行交叠运算：Main Menu>Preprocessor>Modeling>Operate>Booleans>Overlap>areas。如图 5-13 所示。

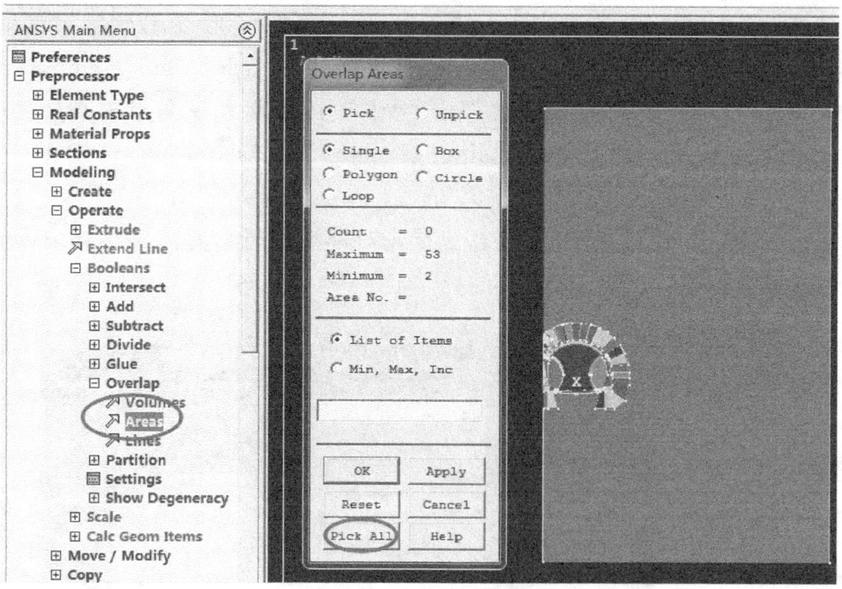

图 5-13　交叠运算操作

(4) 赋予平面单元围岩的属性。赋予平面单元围岩的属性：Main Menu>Preprocessor>Meshing>Mesh Tool。如图 5-14 所示。

(5) 赋予部分长度。剖分洞室周边线条，按长度 0.25 m 剖分。剖分边界线条，按长度 1 m剖分(剖分疏密根据自己需求)。操作步骤：Main Menu>Preprocessor>Meshing>Mesh Tool。整体自由剖分：Meshing>Mesh Tool>Mesh>Pick All。如图 5-15 所示。

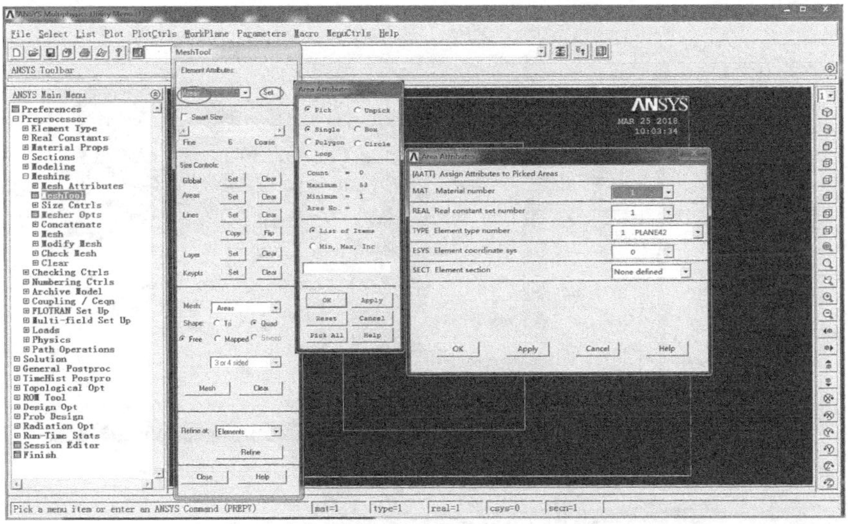

图 5-14　赋予平面单元围岩的属性

(6) 面和剖分单元沿 *YZ* 面镜像复制。镜像复制步骤：Main Menu＞Preprocessor＞Modeling＞Reflect＞Areas，如图 5-16 所示，复制后合并压缩所有编号。建好后的模型剖分如图 5-17 所示。

(7) 建立锚杆单元。利用 Select 命令选择洞室周围锚杆单元上的节点，方法为：首先选取模型中锚杆，通过锚杆线单元选择锚杆上的节点。操作步骤：菜单栏＞Select＞Entities＞Lines＞By Num/Pick。建立锚杆单元属性：设置锚杆属性 link1，材料 4。操作步骤：Main Menu＞Preprocessor＞Modeling＞Create＞Elem Attribute。如图 5-18 所示。

(8) 求解处理器设置。设置边界条件：左右两边 U_x 约束，底边全约束。操作步骤：Main Menu＞Solution＞Define Loads＞Apply＞Structural＞Displacement＞On Nodes。如图 5-19 所示。

调整适用重力加速度计算模型的收敛算法：全牛顿-拉普森 Full N-R。操作步骤：Main Menu＞Solution＞Analysis Type＞Analysis Options。如图 5-20 所示。

载荷应力设置：为分析模型在自重条件下的应力-应变行为，则需对模式施加重力加速度，设置为竖直向下的，大小为 10 m/s^2。操作步骤：Main Menu＞Solution＞Define Loads＞Apply＞Structural＞Inertia＞Gravity＞Global。如图 5-21 所示。

赋予锚杆单元“死属性”，使其开挖前不参与计算。利用 Select 命令选择锚杆单元，杀死锚杆单元：ekill，all. 如图 5-22 所示。

(9) 求解有限元模型。操作步骤：Main Menu＞Solution＞Solve＞Current LS，出现判断性选择时，点击“OK”、“Yes”，求解完成，得到隧道开挖前的初始应力场：Solution＞Solve＞Current LS。如图 5-23 和图 5-24 所示。

后处理分析：分析自重应力情况下，结构的应力、应变、变形情况，主要是以等值线云图形式表现。操作步骤：Main Menu＞General Postproc＞Plot Results＞Contour Plot＞Nodel Solu，可以显示位移等值线、应力等值线等。如图 5-25 所示为自重作用下模型 Y 方向的位移。

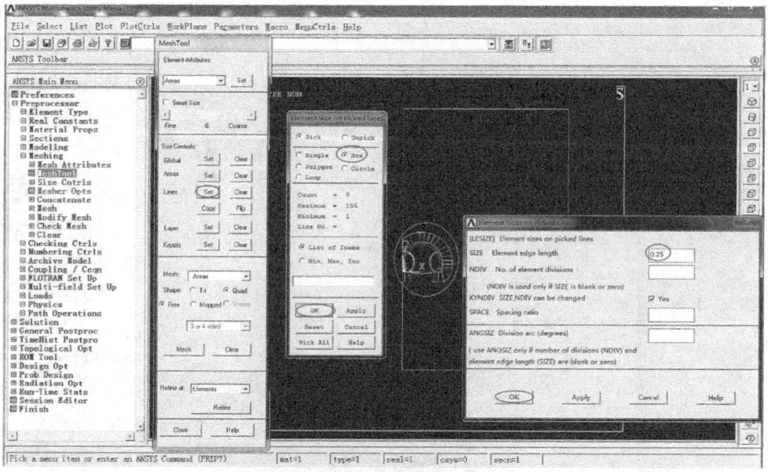

(a)

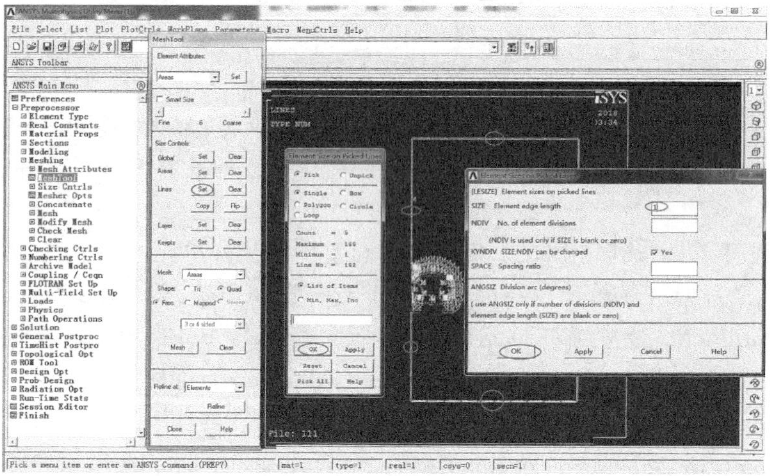

(b)

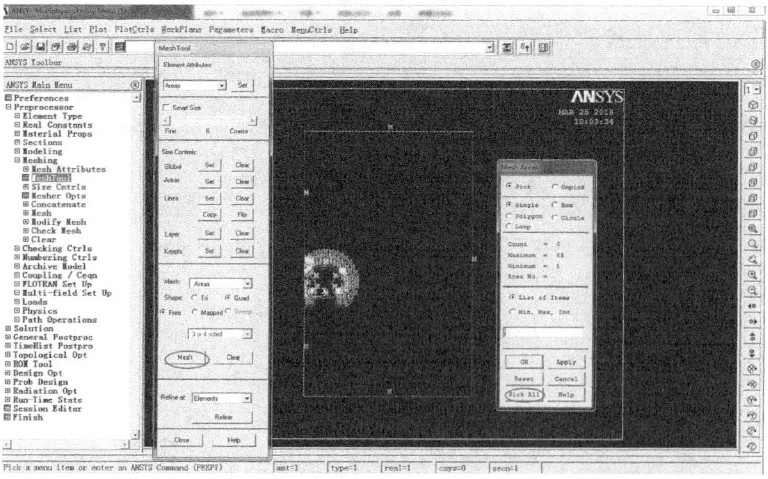

(c)

图 5-15　剖分过程

(a) 对洞室周边线条进行剖分；(b) 对边界线条进行剖分；(c) 整体自由剖分

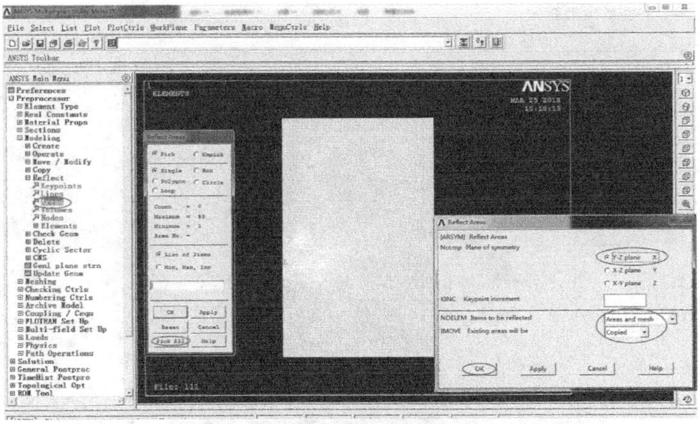

图 5-16　模型整体镜像复制

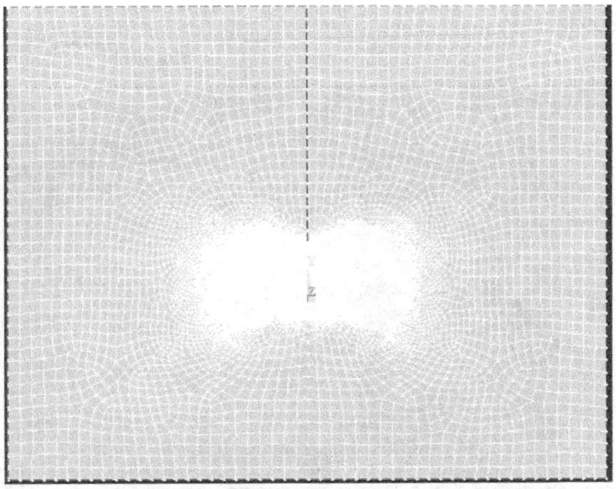

图 5-17　整体剖分单元

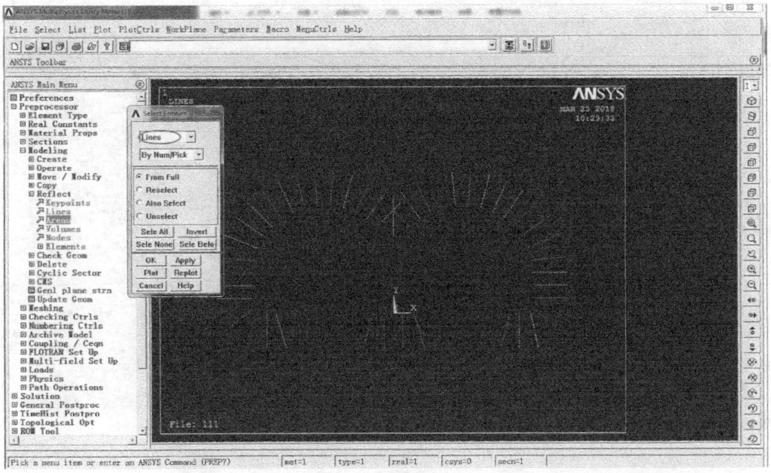

(a)

图 5-18　建立锚杆单元

(a) 选择锚杆线单元

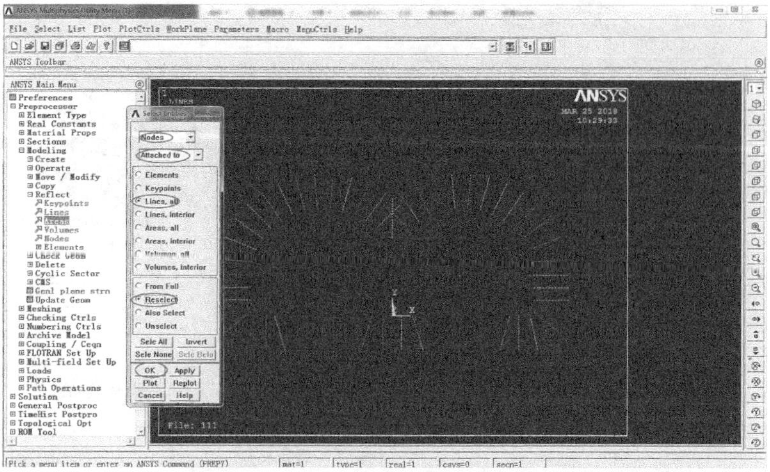

(b)

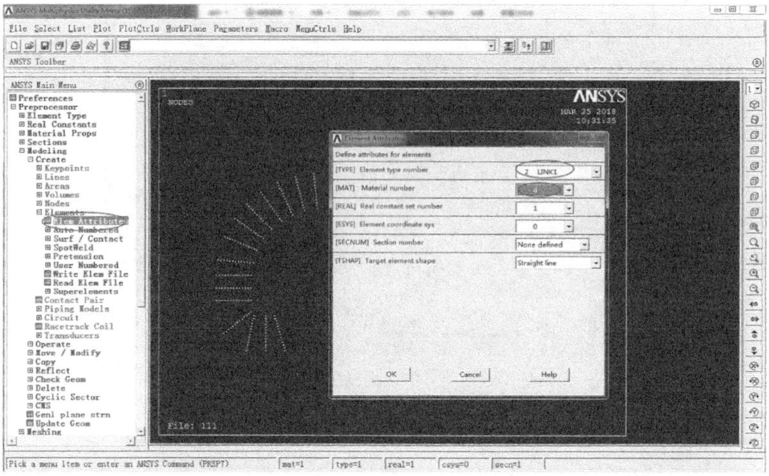

(c)

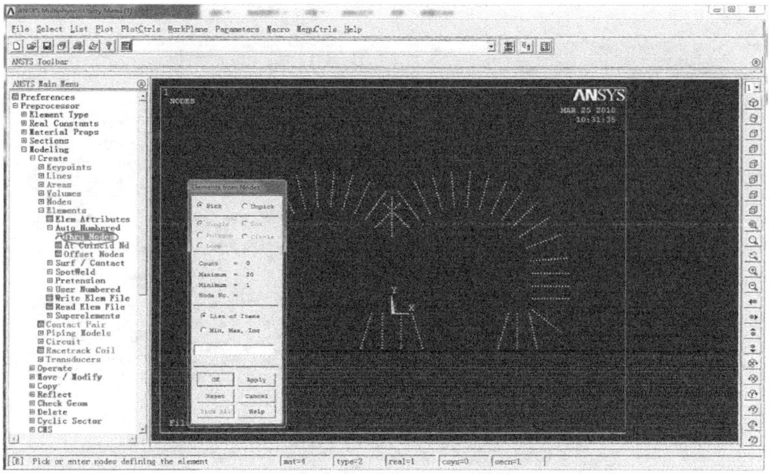

(d)

续图 5-18　建立锚杆单元

(b) 选择锚杆线单元上的节点；(c) 建立锚杆单元属性；(d) 选择节点

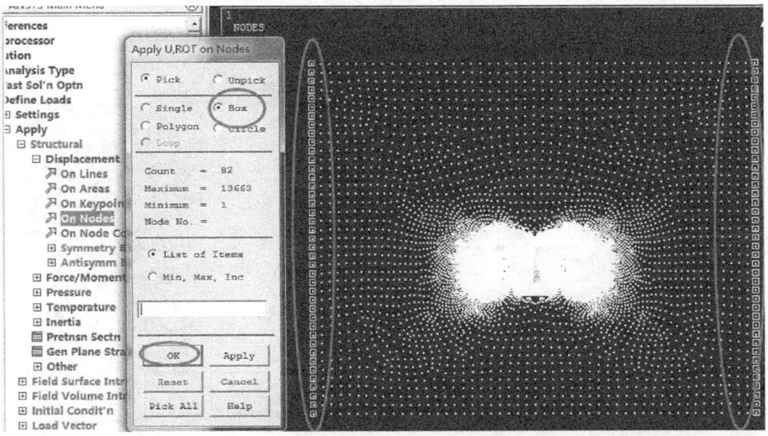

(a)

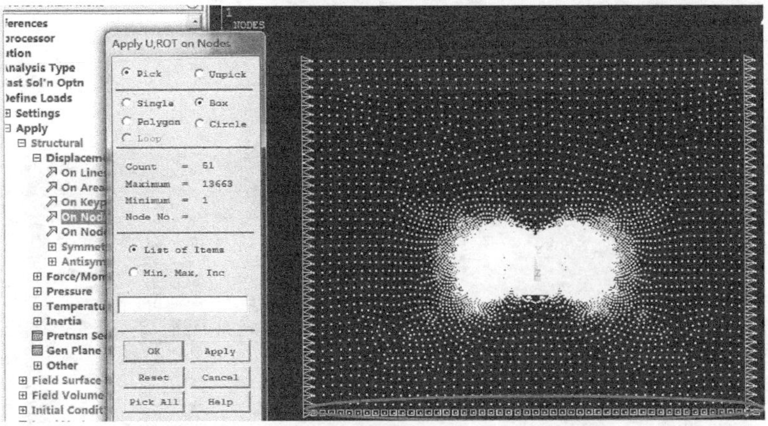

(b)

图 5-19　模型边界约束

(a) 模型左右两边约束;(b) 模型底面约束

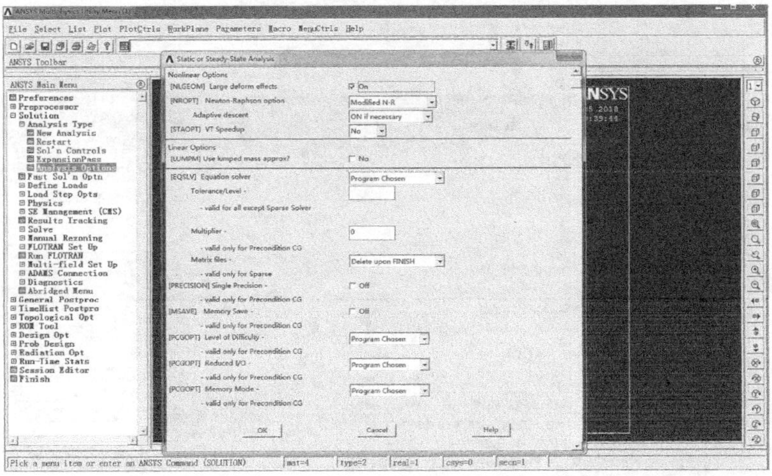

图 5-20　调整计算模型的收敛算法

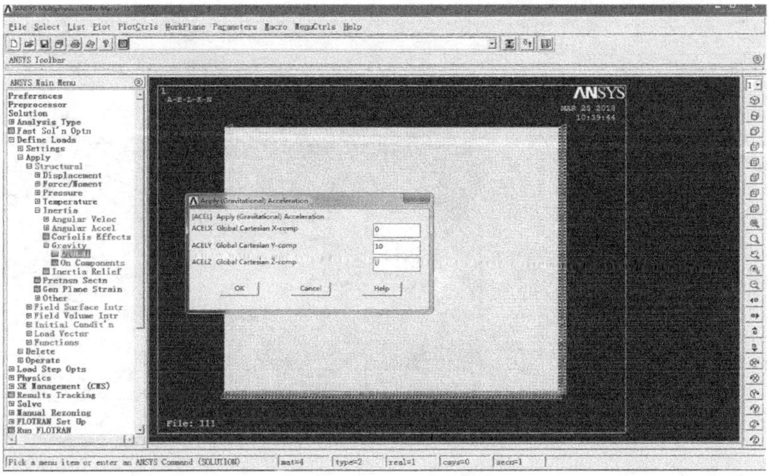

图 5-21　设置重力加速度

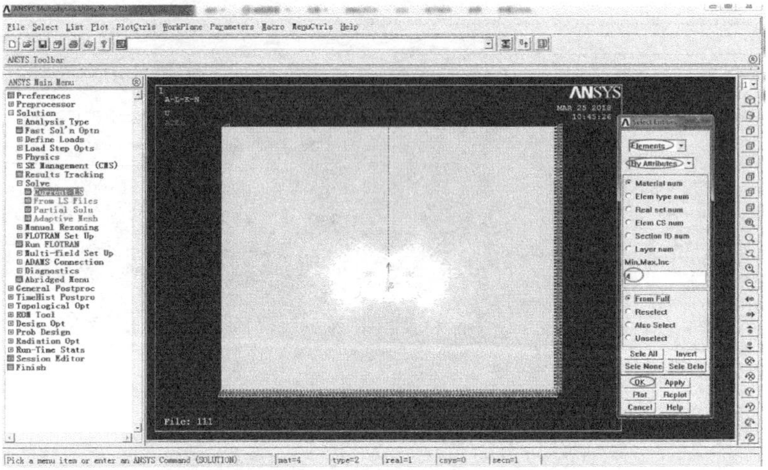

图 5-22　赋予锚杆单元“死属性”

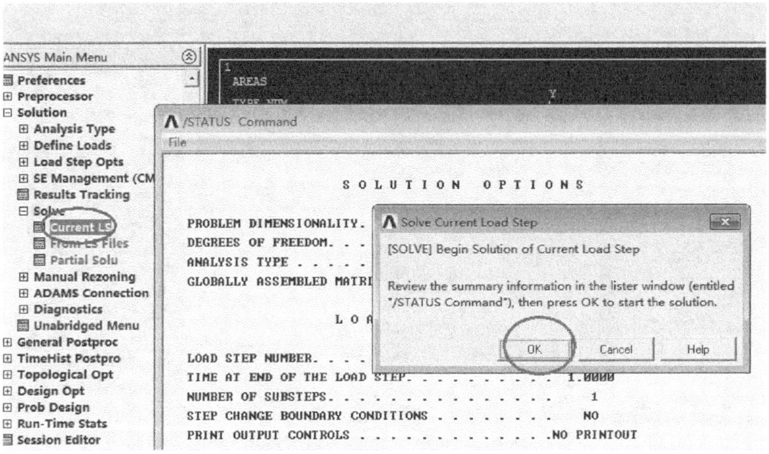

图 5-23　求解有限元模型

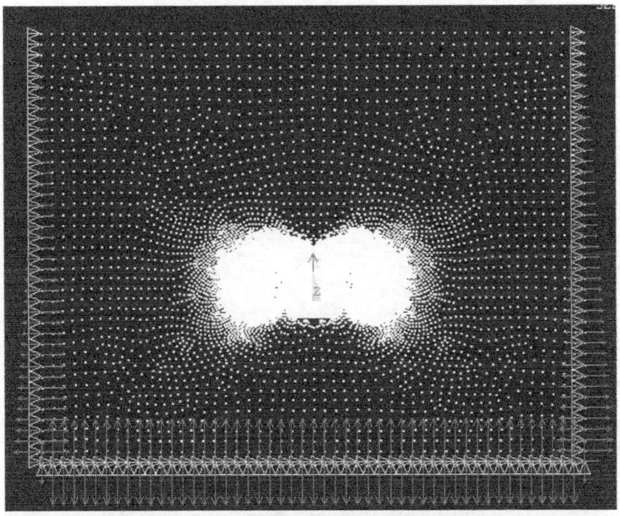

图 5-24　隧道开挖前的初始应力场

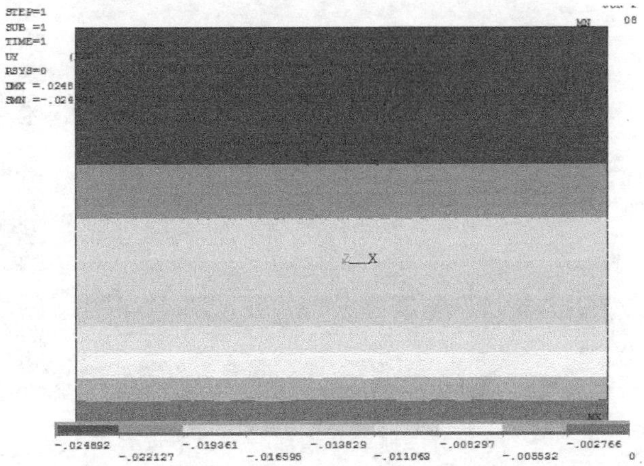

图 5-25　模型自重作用下 Y 方向的位移

第四节　双联拱隧道全断面法开挖模拟

(1) 中导洞开挖。开挖中导洞后，施加虚拟支撑力 60%，即开挖后卸荷 40%，求解。提取中导洞开挖部分周边节点力(图 5-26 和图 5-27)，操作步骤：Main Menu>General Postproc>List Result>Nodal Loads>All struc force F。保存提取的应力数据，如图 5-28 所示。

利用 Excel 编辑节点力命令流：由于开挖时施加 40%虚拟支撑力，所以提取的节点力数值要乘以 0.4。如图 5-29 所示。

切记每开挖一步之前，要重新启用求解处理器(图 5-30)，即施工的每一步要建立在前一步求解结果的基础上：如图 5-31 建立在第一步自重的基础上。操作步骤：Main Menu>Solution>Analysis Type>Restart。

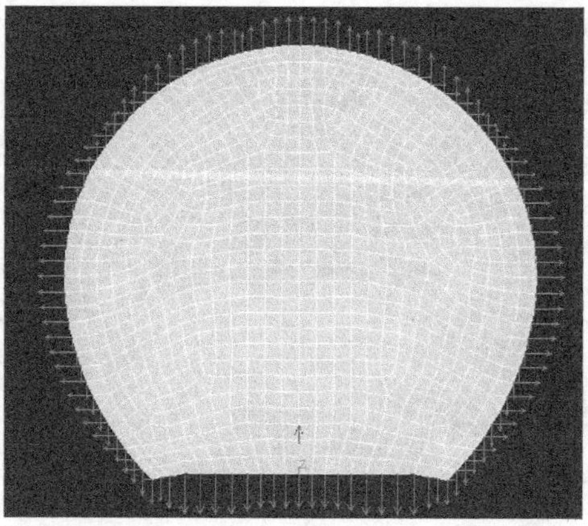

图 5-26　中导洞开挖前应力场

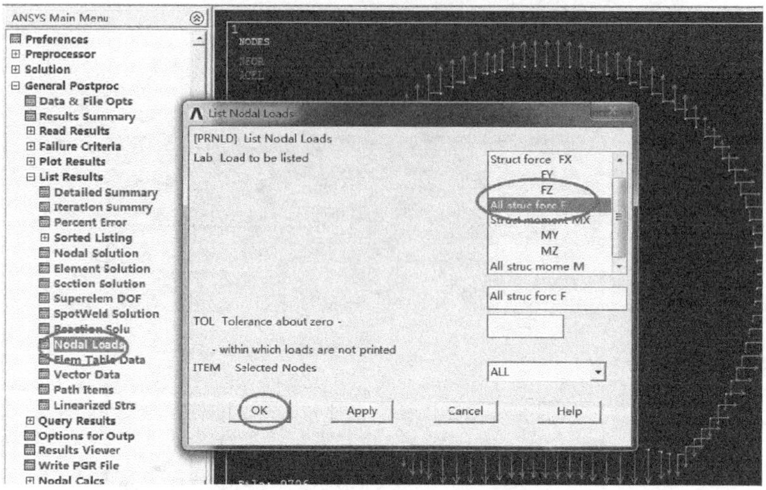

图 5-27　提取开挖部分周边节点力

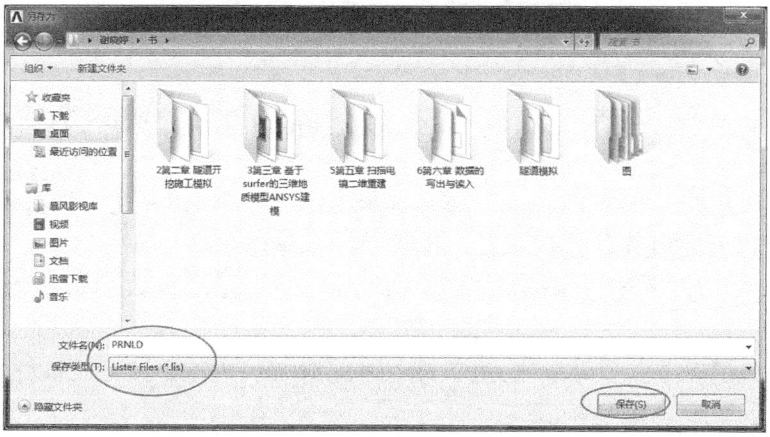

图 5-28　保存提取的应力数据

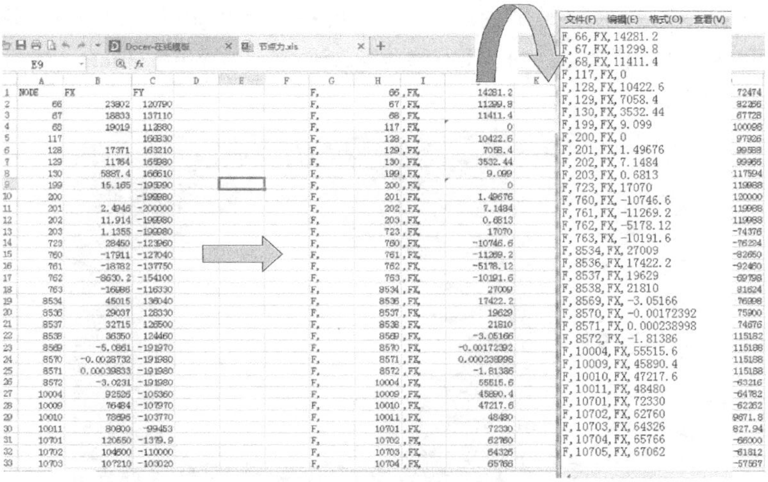

图 5-29　节点力数据处理

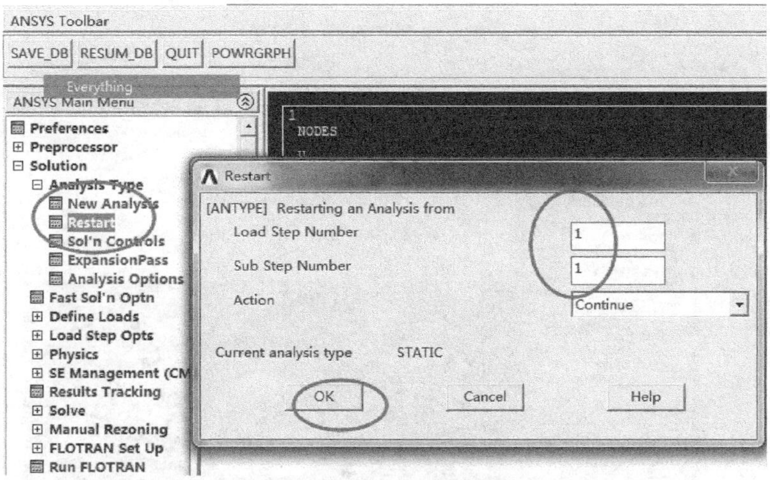

图 5-30　重启求解处理器

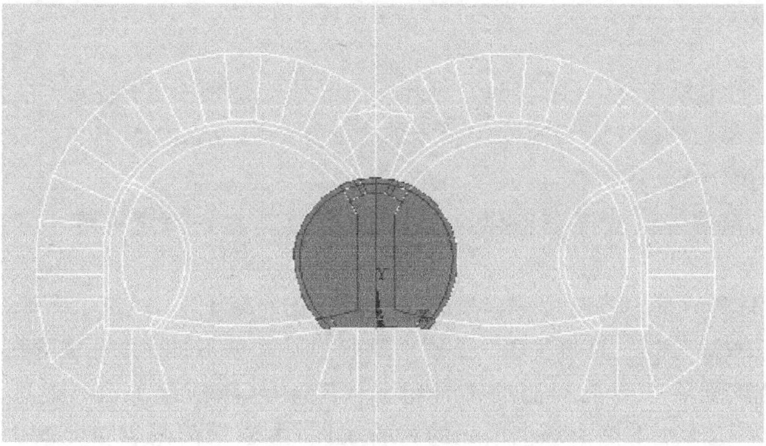

图 5-31　选取中导洞

利用 Select 命令选择中导洞中的所有单元，再用“Ekill，all”杀死单元，实现中导洞开挖模拟。操作步骤为：菜单栏＞Select＞Entities＞Areas＞By Num/Pick。选择中导洞单元然后杀死，如图 5-32 所示。

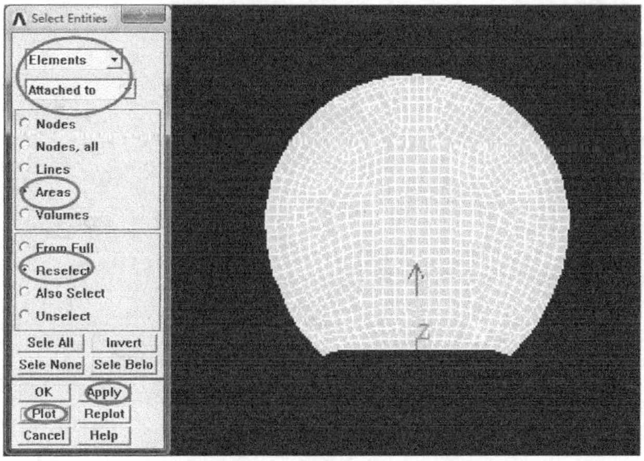

图 5-32　选择杀死中导洞单元

每次重新启动求解后，单元的活死属性恢复到第一步自重求解时的状态。图 5-33 显示了开挖中导洞的死属性单元。

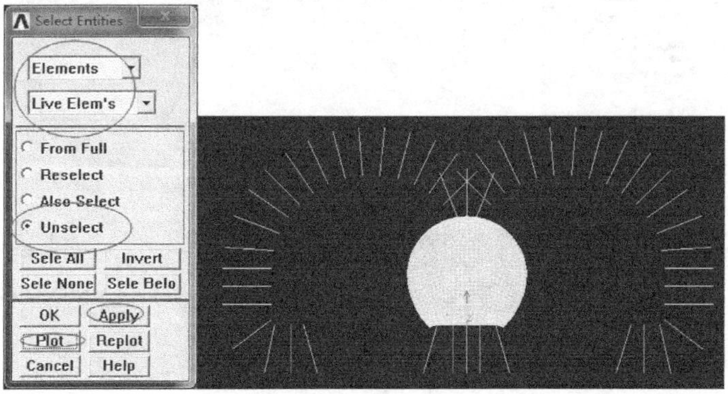

图 5-33　查看死属性单元

施加 40％的虚拟支撑力(图 5-34)：每开挖一步要施加前一步的 40％的支撑力，以此为例，开挖中导洞要施加前一步自重应力场下的中导洞周边节点力的 40％。操作步骤：File＞ReadImport from……

求解，得到隧道开挖中导洞的应力场，如图 5-35 所示。操作步骤：Solution＞Solve＞Current LS。

(2) 中导洞支护及中墙浇筑(图 5-36)。喷射初支混凝土层，浇筑中隔墙，删除所有节点应力，即卸荷 100％荷载。具体步骤：① 同上重新启动求解器；② 杀死中导洞单元用“Ekill，all”命令，此时要复活中导洞周边的锚杆单元用“Ealive，all”命令；③ 删除洞周边施加的 40％的节点力；④ 改变下图中彩色单元的材料属性，由原来的围岩单元改为初支单元 C20 和中墙二衬单元 C25；⑤ 求解。

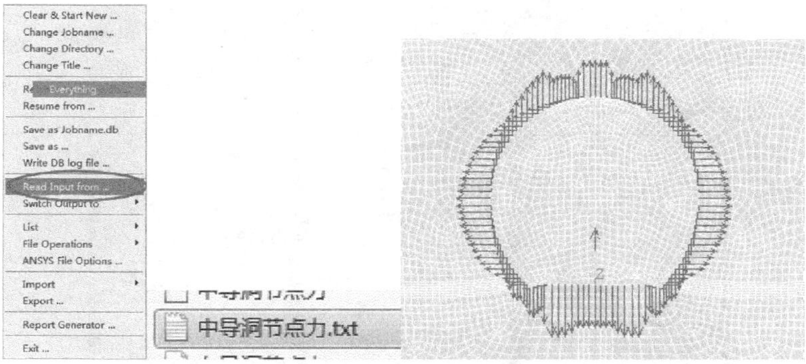

图 5-34　施加虚拟支撑

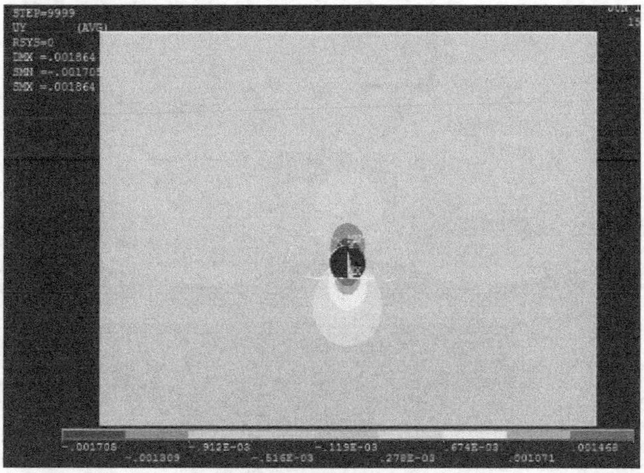

图 5-35　开挖后在自重作用下变形

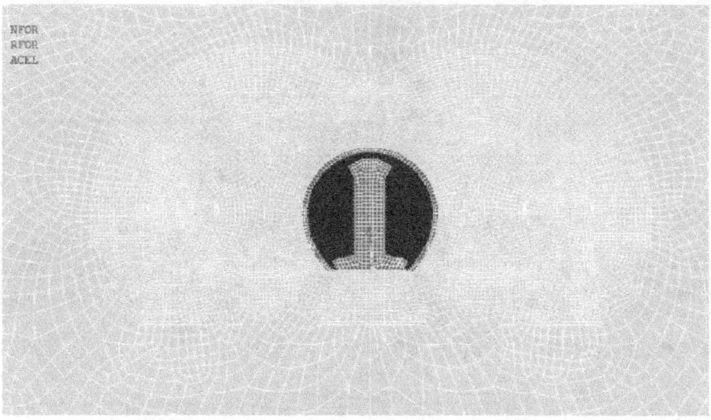

图 5-36　中导洞支护及中墙浇筑

其他步骤前面已有说明，改变中彩色单元的材料属性，由原来的围岩单元改为初支单元 C20 和中墙二衬单元 C25，并选择要初支的单元(图 5-37)。操作步骤：菜单栏>Select>Entities>Areas>By Num/Pick。

改变单元属性完成初期支护的模拟：同样的方法完成中墙浇筑，然后求解。如图 5-38 所示。

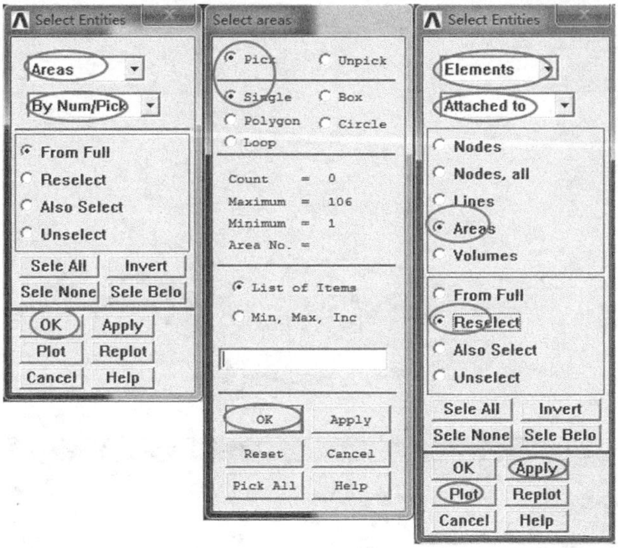

图 5-37　选取初支单元

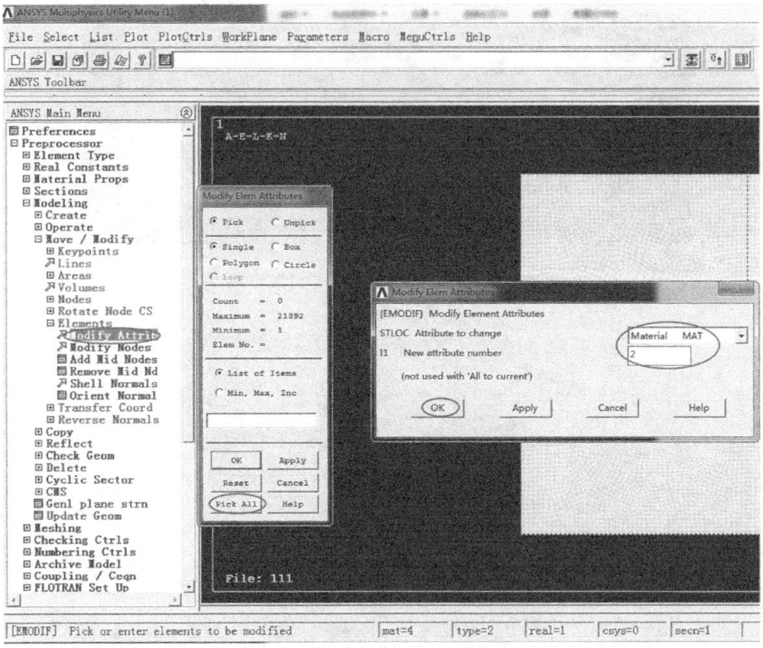

图 5-38　改变单元属性

对中导洞支护及中墙浇筑后进行计算，如图 5-39 所示。操作步骤：Solution>Solve>Current LS。

（4）右导洞开挖应力释放 40%。右导洞全断面开挖，施加虚拟荷载 60%，即卸荷 40%荷载。如图 5-40 所示。

（5）右导洞支护及仰拱浇筑。右导洞初期支护，仰拱混凝土浇筑。如图 5-41 所示。

（6）左导洞开挖应力释放 40%。左导洞开挖释放荷载 40%。如图 5-42 所示。

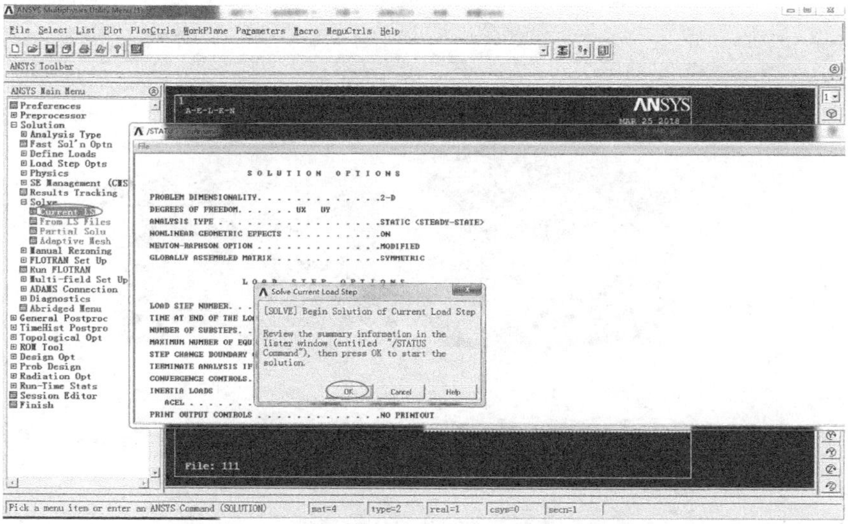

图 5-39　中导洞支护及中墙浇筑计算

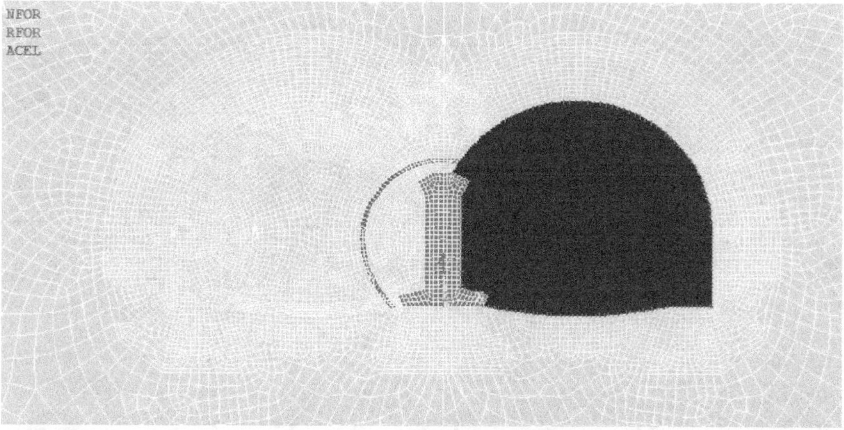

图 5-40　右导洞开挖模拟

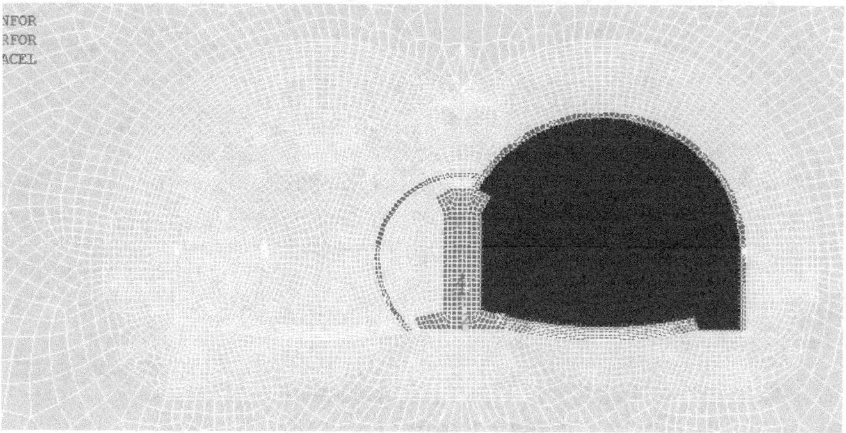

图 5-41　右导洞支护及仰拱浇筑模拟

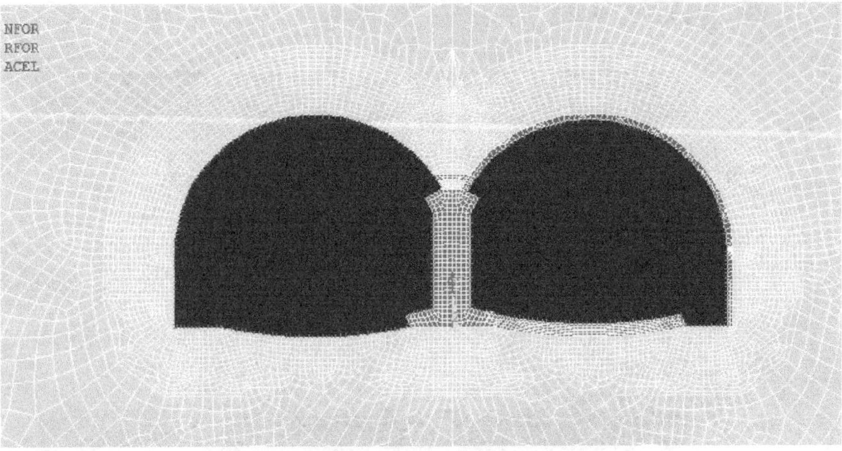

图 5-42　左导洞开挖模拟

(7) 左导洞支护及仰拱浇筑。左导洞初期支护，仰拱浇筑。如图 5-43 所示。

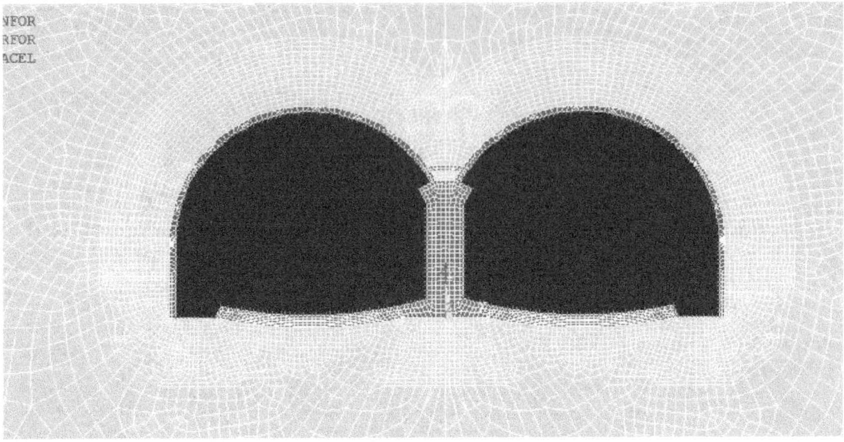

图 5-43　左导洞支护及仰拱浇筑

第五节　开挖结果分析

通过对计算结果的仔细分析可知，对于相同的支护措施，由于开挖和支护顺序的不同，使得围岩应力释放的先后次序也不同，最终导致围岩应力场和位移场以及支护应力场分布的不同。

(1) 围岩应力场：全断面法开挖时，因施工步骤少而对围岩的扰动最小，其拉应力和压应力都较小，见表 5-2。

(2) 围岩位移场：全断面法水平位移量和拱顶沉降略小，见表 5-2。

(3) 喷层：可见全断面法开挖时喷层出现的拉应力和压应力都较大，见表 5-3。

表 5-2　　**开挖时围岩的应力及位移计算结果**

方法	工序	最大主应力/MPa		X/mm		Y/mm	
		σ_1	σ_3	max	min	max	min
全断面法	2	−0.01	−1.58	0.966	−0.966	1.864	−1.705
	3	0.51	−3.27	1.586	−1.586	3.282	−2.752
	4	0.347	−3.07	1.949	−1.765	3.238	−3.772
	5	0.584	−5.5	2.046	−3.062	7.098	−6.163
	6	0.634 5	−5.72	1.905	−3.391	7.427	−7.01
	7	0.660	−5.92	3.358	−3.328	7.284	−7.976

表 5-3　　**开挖时支护结构的应力计算结果**

方法	工序	喷层应力/MPa		仰拱应力/MPa		中墙应力/MPa		锚杆轴应力/MPa
		σ_{1max}	σ_{3min}	σ_{1max}	σ_{3min}	σ_{1max}	σ_{3min}	σ_{1max}
全断面法	3	0.67	−7.71					
	4	0.75	−7.69			1.64	−3.7	
	5	4.07	−14.3	2.85	−3.85	7.83	−14.1	0.028
	6	9.39	−24.3	3.75	−3.44	7.67	−12.4	0.045
	7	8.99	−24.1	3.93	−4.37	11.1	−19.1	0.060

选择左右洞开挖边界上拱顶最终沉降值最大的两个特征点 A 和 B，如图 5-44 所示。从计算结果数据中提取 A,B 两点在各个工序的沉降量，绘制其与施工工序的变化关系图，如图 5-45 所示。从图中可以看出沉降的绝对解析值。

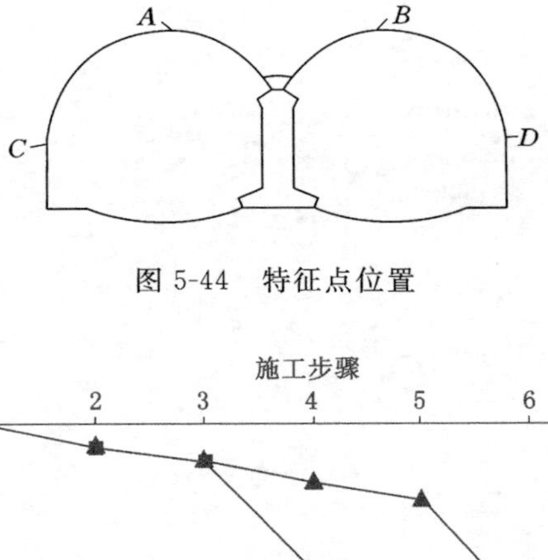

图 5-44　特征点位置

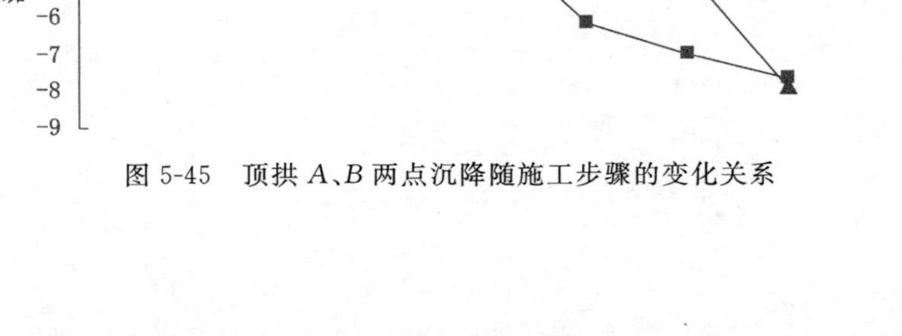

图 5-45　顶拱 A、B 两点沉降随施工步骤的变化关系

中导洞开挖后，A、B 两点沉降为 0.7 mm；中导洞支护、中墙浇筑后，A、B 两点沉降为 1 mm；中墙顶、左侧回填，右洞全断面开挖，A、B 两点沉降有所不同，右洞全断面开挖后，A 点沉降为 3.9 mm，B 点沉降为 1.4 mm；右洞初支仰拱浇筑后，A、B 两点沉降分别为 6.1 mm 和 2 mm；左洞全断面开挖后，B 点沉降迅速增大，沉降量为 5 mm 左右；左洞初支仰拱浇筑时，A 点和 B 点沉降最终都达到 8 mm 左右。

左右洞拱顶沉降显著的情况出现在左右两洞全断面开挖时，沉降量为 6 mm 左右，占总沉降量的 75％左右。

第六章　扫描电镜图像二维重建

第一节　问题描述

黄土在世界上分布相当广泛，占全球陆地面积的十分之一，我国是世界上黄土分布范围最广的国家之一[42]。在过去几十年间，黄土作为一种廉价的建筑材料已获得广泛的使用，但其特定的微观结构造就了它特殊的工程特性，黄土特殊的工程特性引发的自然灾害和城市地质灾害对人类生产生活造成了严重的影响，对黄土微观结构的研究已被认为是“二十一世纪土力学的核心问题”[42]。

黄土不同于一般材料，它是具有复杂内部结构的颗粒集合体[43]，其内部存在大小不等、形状各异的颗粒、孔隙和胶浆，要定量地描述和评价是比较困难的。基于数字图像处理技术的基础上，将之前获得的黄土 SEM 图像转化为处理图像软件可识别的格式，再结合数值分析软件，不但能反映真实的黄土微观结构，而且能进行各种仿真实验，结合室内土工试验，最终把黄土的微观结构和宏观力学性质联系在一起。

数字图像处理技术(digital image processing)又称计算机图像处理技术，是指将图像信号转变成数字信号并利用计算机对其进行处理的过程，现已发展成为一门独立的学科，目前已广泛应用于各个学科领域。在岩土工程中的应用始于 20 世纪 70 年代对土体微观结构的研究，主要是用数字图像处理技术对扫描电镜图像进行分析和定量计算。将数字图像处理技术与 SEM 扫描技术联合起来分析岩土材料的微细观结构提供了一种新的研究思路[44]。

第二节　模型构建

不规则岩土颗粒 PFC2D 模型建立的基本思路：由 SEM 扫描图像结合数字图像处理技术得到不同颗粒的外边界坐标，导入有限元软件中建立轮廓面并进行网格剖分，采用三节点三角形单元，用 C 语言代码提取所有三角形单元的节点坐标和单元编号，并计算得到所有三角形单元的内切圆，将生成的内切圆导入 PFC2D 软件中，建立不规则颗粒 PFC2D 模型数据库。

一、由 SEM 扫描图像得到颗粒外边界

由 SEM 图像提取不规则颗粒的外边界坐标值对其进行拟合[45]，拟合后确定圆心，并进行归一化[46]，初步建立不规则颗粒边界的数据库。部分典型的不规则颗粒边界如图 6-1 所示。

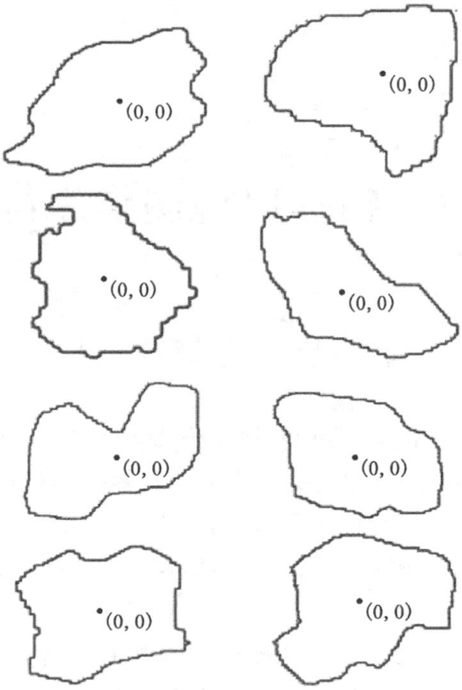

图 6-1　不规则颗粒外边界

二、ANSYS 模型构建

(1) 打开 ANSYS 12.0 软件的 Mechanical APDL Product Launcher 程序，进入 ANSYS 12.0 软件初始进入界面，设置保存目录“Working Directory”及名称“Job Name”，点击“Run”按钮，运行软件。

(2) 创建单元类型：Main Menu>Preprocessor>Element Type>Add / Edit / Delete，如图 6-2 所示。

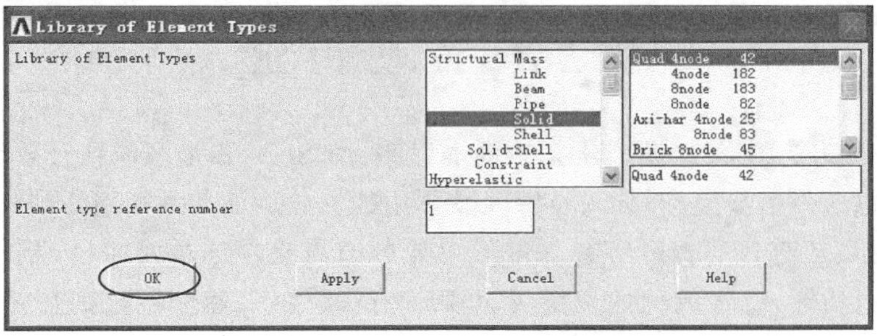

图 6-2　选择单元类型

(3) 定义材料属性：Main Menu>Preprocessor>Material Props>Material Models>Structural>Linear>Isotropic，如图 6-3 所示。

(4) 创建颗粒模型：利用已提取的颗粒边界坐标编写颗粒边界的关键点命令，如图 6-4 所示。

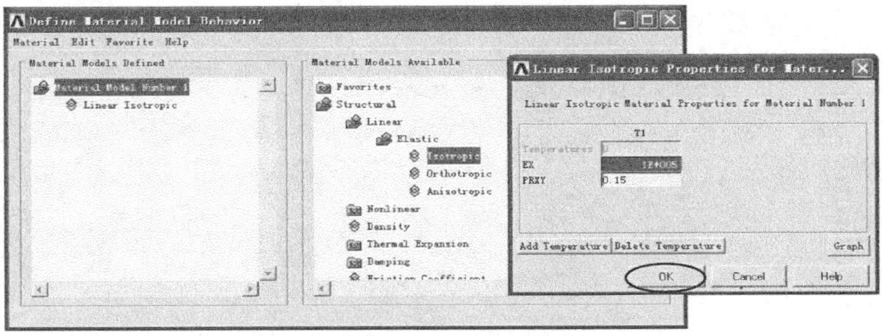

(a)

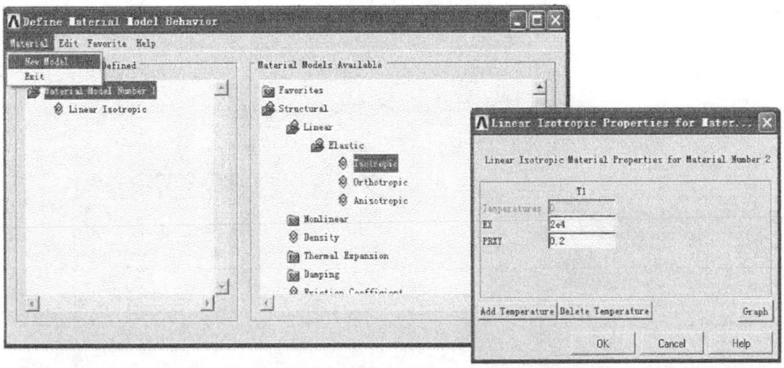

(b)

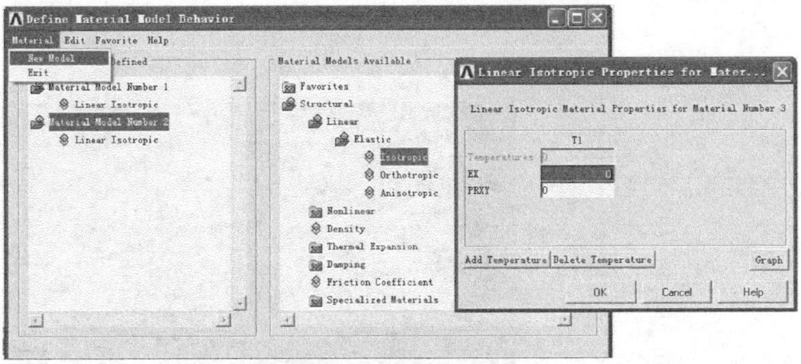

(c)

图 6-3　定义材料属性

(a) 赋予材料 1 的弹性模量和泊松比;(b) 赋予材料 2 的弹性模量和泊松比;

(c) 赋予材料 3 的弹性模量和泊松比

(5) 创建颗粒模型:下面以“kl1”为例介绍颗粒模型的创建过程,首先读取“kl1.txt”文件,如图 6-5 所示。

(6) 创建颗粒模型:利用样条法创建颗粒轮廓,Main Menu>Preprocessor>Modeling>Create>Lines>Splines>Splines thru KPs,如图 6-6 所示。

(7) 创建颗粒模型:Main Menu>Preprocessor>Modeling>Create>Areas>Arbitrary>By Lines,如图 6-7 所示。

(8) 创建所有颗粒模型:按照上述方法创建出所有的颗粒模型,如图 6-8 所示。

(9) 为颗粒模型赋予材料属性:Main Menu>Preprocessor>Meshing>MeshTool,如图 6-9 所示。

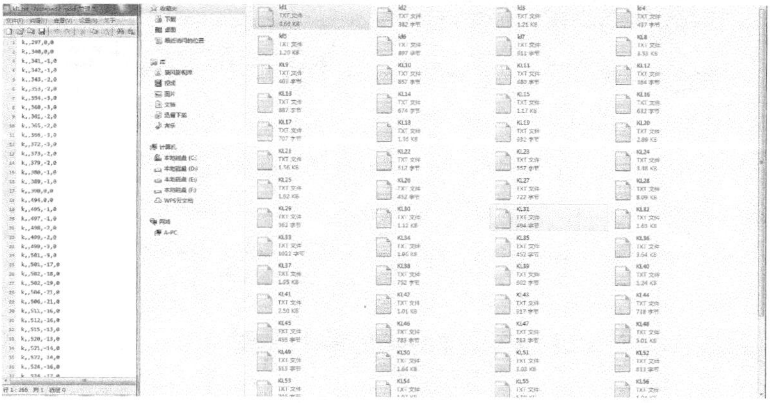

图 6-4　提取的颗粒边界坐标

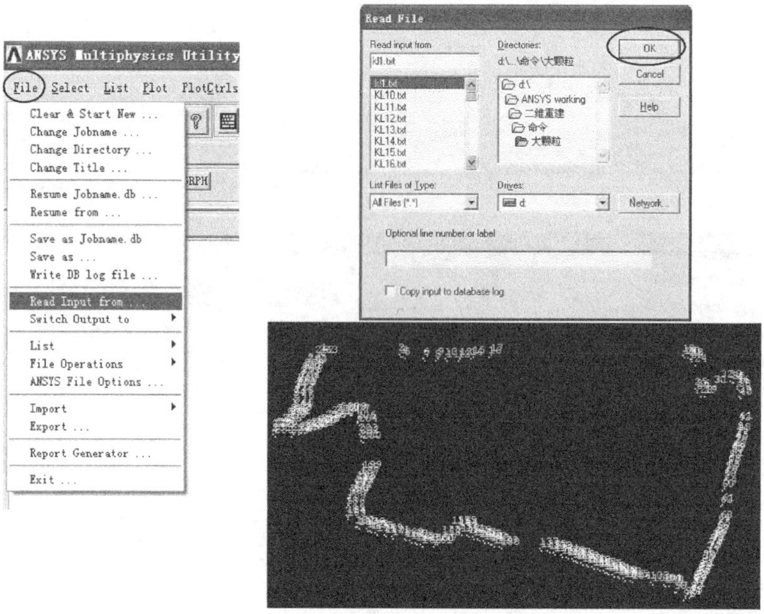

图 6-5　读取颗粒边界坐标

(10) 储存颗粒模型文件：Main Menu>Preprocessor>Archive Model>Write，如图 6-10 所示。

(11) 创建孔隙模型：重新运行软件，按照上述建模方式创建出所有的孔隙模型，并进行存储，如图 6-11 所示。

(12) 创建试样的矩形面：重新运行软件，按照试样边界坐标创建矩形面，Main Menu>Preprocessor>Modeling>Create>Areas>Rectangle>By Dimensions，如图 6-12 所示。

(13) 读取颗粒与孔隙模型文件：Main Menu>Preprocessor>Archive Model>Read，如图 6-13 所示。

(14) 创建胶浆模型：对所有面进行布尔运算(overlap)，Main Menu>Preprocessor>Modeling>Operate>Booleans>Overlap>Areas，如图 6-14 所示。

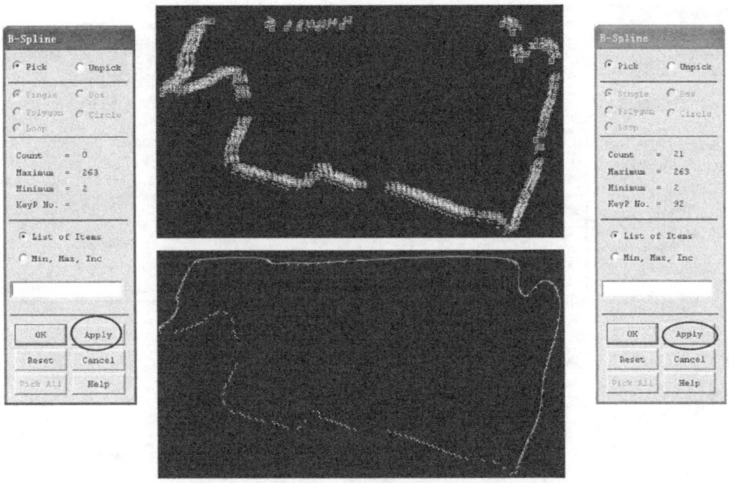

图 6-6　样条法创建颗粒轮廓

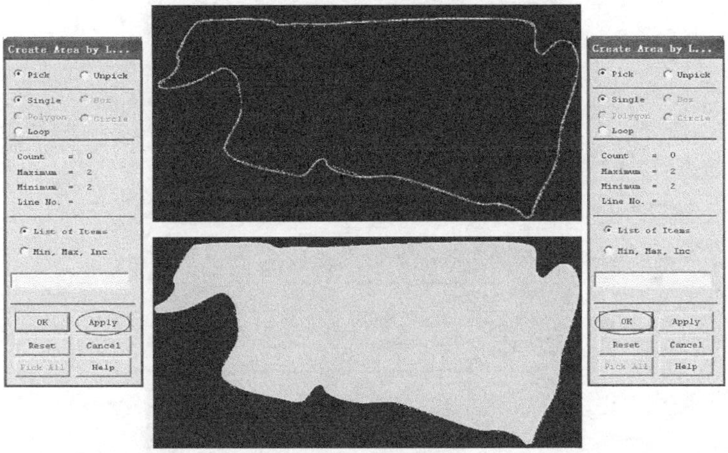

图 6-7　创建颗粒模型

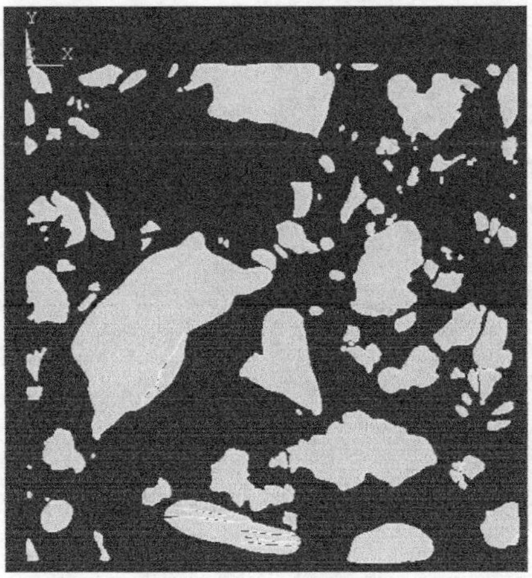

图 6-8　所有颗粒轮廓

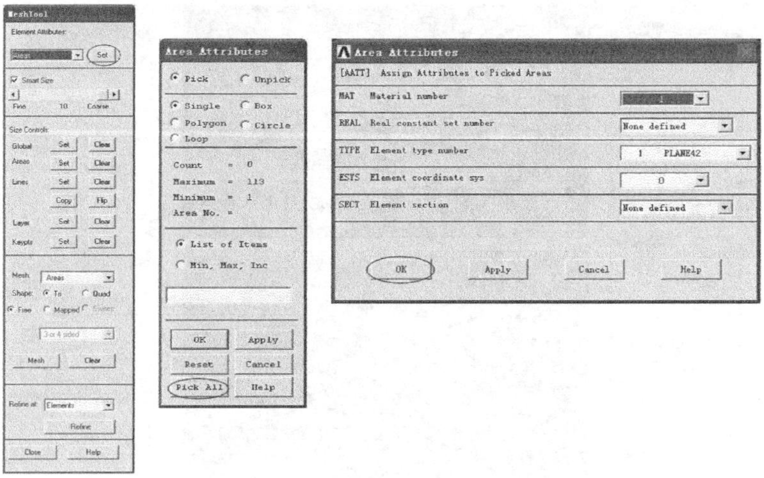

图 6-9 颗粒模型赋予材料属性

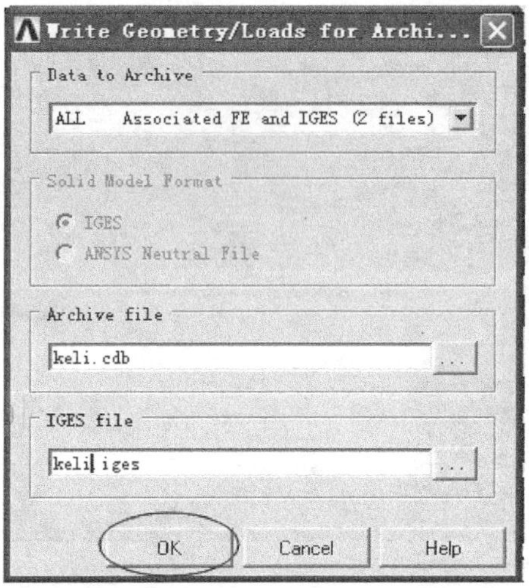

图 6-10 储存颗粒模型文件

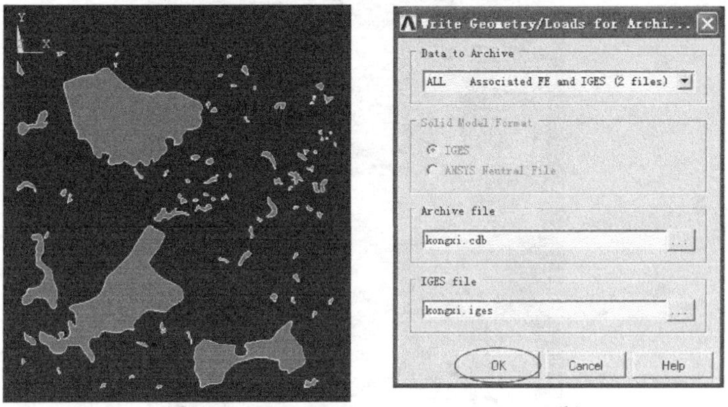

(a) (b)

图 6-11 孔隙模型

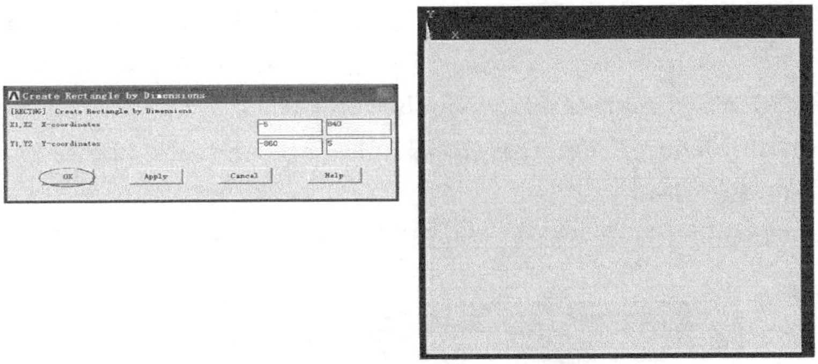

图 6-12　按照试样边界坐标创建矩形面

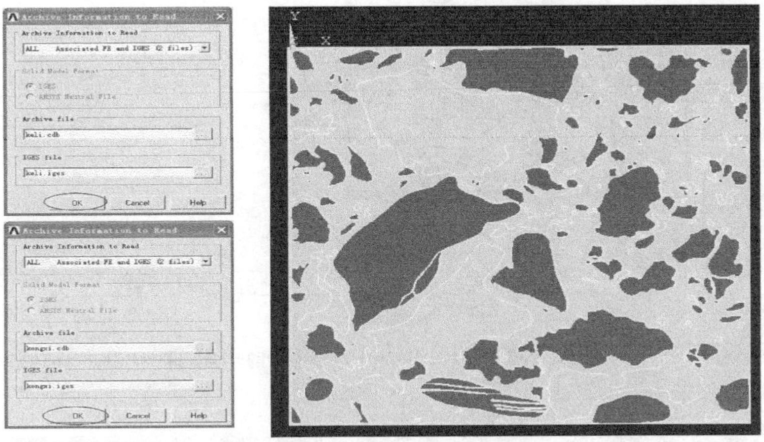

图 6-13　读取颗粒与孔隙模型文件

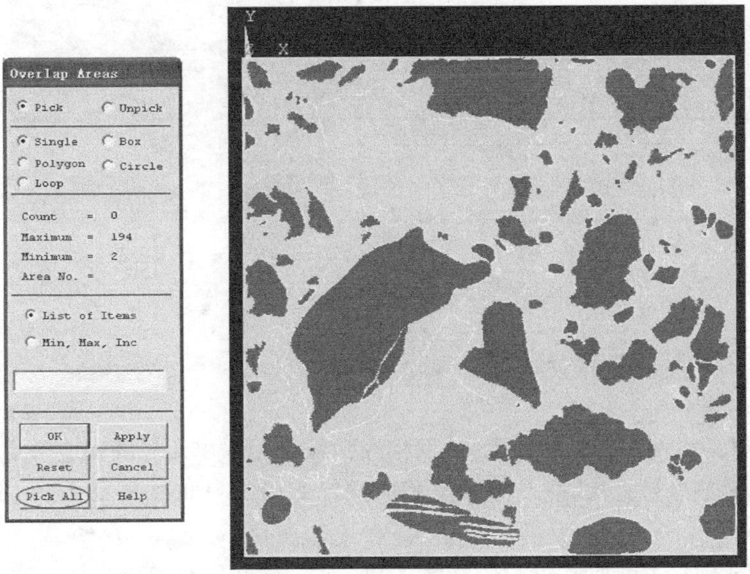

图 6-14　胶浆模型

(15) 选择出不属于颗粒与孔隙属性的面，并对其赋予胶结物材料属性，如图 6-15 所示。

GUI：Main Menu>Preprocessor>Numbering Ctrls>Merge Items

Main Menu>Preprocessor>Numbering Ctrls>Compress Numbers

GUI：Select>Entities

GUI：Main Menu>Preprocessor>Meshing>MeshTool

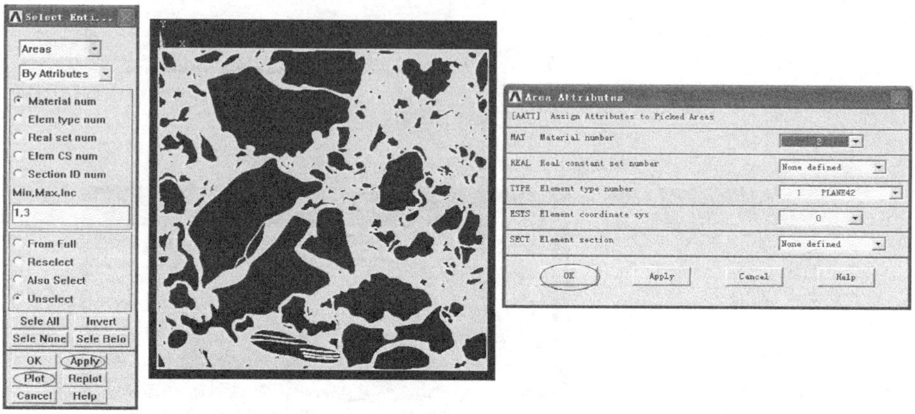

图 6-15　对颗粒和孔隙之外的面赋予胶结物材料属性

(16) 按照不同材料属性显示面：Plotctrls>Numbering>Select>Everything>Plot>Areas，如图 6-16 所示。

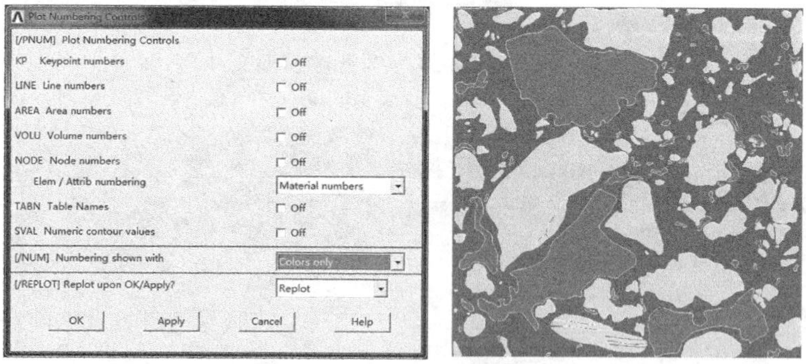

(a)　　(b)

图 6-16　按照不同材料属性显示面

(17) 采用三角形网格剖分：Main Menu>Preprocessor>Meshing>MeshTool，如图 6-17所示。

(18) 根据材料属性选择颗粒单元，读取构成颗粒单元的单元号及相应节点号：File>Read Input From>单元节点号；再读取节点号及相应的横纵坐标：File>Read Input From>节点及坐标。

(19) 用相同的方法读取孔隙和胶结物的单元号、节点号及相应坐标。

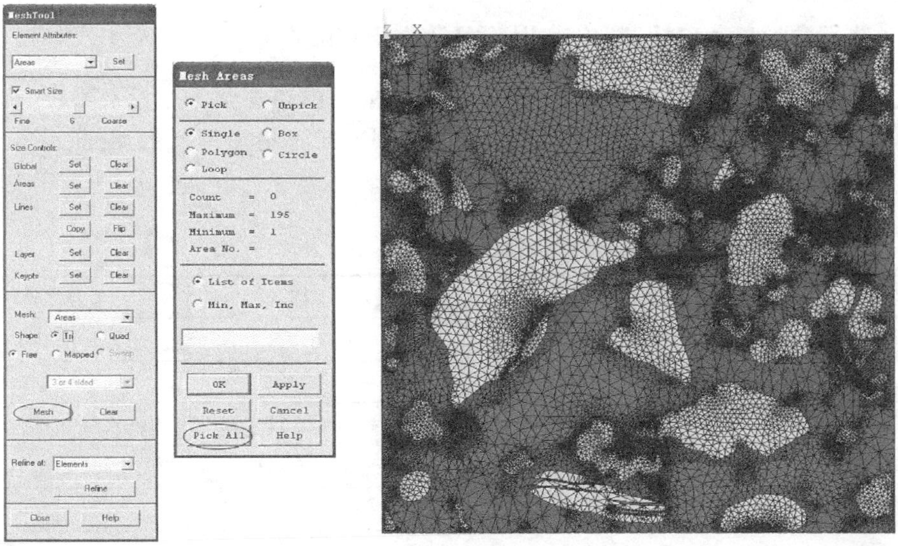

图 6-17　网格剖分

三、提取节点及单元编号

在 ANSYS 软件中对所有颗粒、孔隙及胶结物的单元号、节点号及相应坐标读取。某不规则颗粒部分三角形编号及其对应节点号如表 6-1 所列，节点号及其对应坐标如表 6-2 所列。

表 6-1　　某不规则颗粒单元号(前 5 个)及其对应三个节点编号

单元号	节点 *A*	节点 *B*	节点 *C*
1	1 118	958	889
2	1 118	1 094	958
3	432	622	469
4	432	621	622
5	490	516	675

表 6-2　　某不规则颗粒节点号(前 5 个)及其对应坐标

节点号	横坐标/m	纵坐标/m
1	0.892 80	0.024 26
2	0.883 80	0.052 67
3	0.888 30	0.038 46
4	0.896 53	0.081 78
5	0.890 17	0.067 22

四、计算三角形单元内切圆,生成 PFC2D 软件识别的格式

由三角形节点号及单元编号可计算得到三角形单元内切圆圆心坐标及半径,利用 C 语言代码导出为 PFC2D 软件可识别的格式。某不规则颗粒三角形单元内切圆(前 5 个)的圆心坐标及半径(前 5 个球)如表 6-3 所列。

表 6-3　　某不规则颗粒三角形单元内切圆的圆心坐标及半径(前 5 个球)

小球 ID 号	圆心横坐标/m	圆心纵坐标/m	小球半径/m
id=1	$x=-0.719\ 731$	$y=0.469\ 931$	rad=0.006 403
id=2	$x=-0.707\ 431$	$y=0.474\ 122$	rad=0.006 591
id=3	$x=0.608\ 335$	$y=-0.346\ 173$	rad=0.006 498
id=4	$x=0.617\ 686$	$y=-0.336\ 711$	rad=0.006 544
id=5	$x=-0.710\ 705$	$y=0.504\ 378$	rad=0.006 424

五、建立不规则颗粒 PFC2D 模型

将上面得到的“.txt”文件导入 PFC2D 软件中,得到不规则颗粒的 PFC2D 模型,如图 6-18 所示。

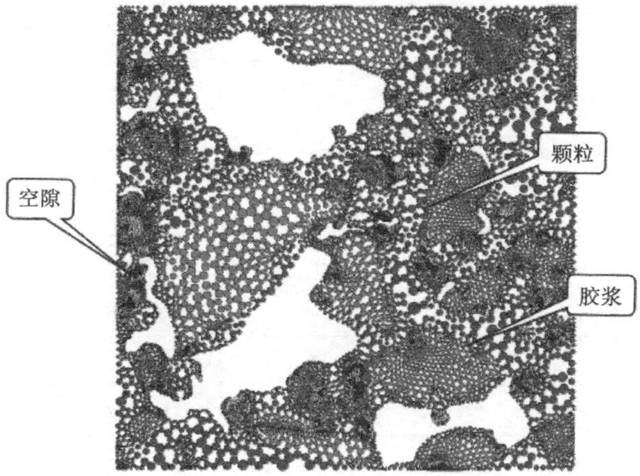

图 6-18　PFC2D 模型

第三节　结果与讨论

(1) 黄土不同于一般材料,它是具有复杂内部结构的颗粒集合体,其内部存在大小不等、形状各异的颗粒、孔隙和胶浆,传统连续介质力学模型采用连续性假设不能真实反映黄土微观结构,因此通过离散元来模拟黄土的微观结构更符合实际情况。PFC2D 软件专门用于模拟大变形的固体力学问题,因此在黄土微观仿真模拟中具有重要应用。

(2) 基于 SEM 扫描图像和数字图像处理技术,再利用有限元软件进行网格剖分,快速

生成不规则岩土颗粒 PFC2D 模型的方法具有简单高效性，为黄土微观仿真模拟奠定了基础。

(3) 将黄土的 SEM 扫描图像结合数字图像处理技术和有限元软件得到离散元模型，并对其中的不同颗粒赋予不同的属性和参数，初步建立了黄土微观结构的仿真模型。

第四节　数值分析的数据文件

本算例的模型建立过程中，包含提取单元号、节点号及其相应坐标的过程，代码如下：

一、提取单元号及其相应节点号

```
*get,elemnum,elem,,num,max          ! 得到单元的总数目
*dim,elemlist,array,elemnum,3       ! 单元包含的节点列表，指定每个单元包含 3 个
                                      节点，根据情况修改
*do,i,1,elemnum,1
*do,ii,1,3,1
*get,elemlist(i,ii),elem,i,node,ii  ! 获得节点编号
*enddo
*enddo

*cfopen,E,txt                       ! 打开文件，写入数据
*vwrite,sequ,elemlist(1,1),elemlist(1,2),elemlist(1,3)
(F15.0,3F15.0)
*cfclos
```

二、提取节点号及其相应横纵坐标

```
*GET,Nnod,NODE,0,COUNT              ! 获取所选择的节点总数
*DIM,S_Xyz,ARRAY,NNOD,3             ! 定义 1 个数组存放数据
*GET,Nd,NODE,0,NUM,MIN              ! 获取最小的节点编号
*DO,I,1,Nnod,1
S_Xyz(I,1)=Nd                       ! 将节点列表放数组第 1 列
S_Xyz(I,2)=NX(Nd)                   ! 节点的 X 坐标放数组第 2 列
S_Xyz(I,3)=NY(Nd)                   ! 节点的 Y 坐标放数组第 3 列
Nd=NDNEXT(Nd)                       ! 读出下一个节点编号
*ENDDO
*CFOPEN,N,txt,,
*VWRITE,S_Xyz(1,1),S_Xyz(1,2),S_Xyz(1,3)
(F10.0,2F15.5)
*CFCLOS
```

三、将 E 文件和 N 文件合成 EN 文件,便于计算内切圆

```
#include<stdio.h>
#include<string.h>
#define M 47333                         //输入节点个数
#define N 3
#define O 20486                         //输入单元个数
#define P 4
#define R 10
void main()

{
        int i,j,k,l,m;
        FILE *fp1,*fp2,*fp3;
        static double aa[M][N];
static double bb[O][P];
        static double cc[O][R];
        fp1 = fopen("N.txt","r");
        for (i=0;i<M;i++)
        {
          for(j=0;j<N;j++)
          fscanf(fp1,"%lf",&aa[i][j]);
        }
        fclose(fp1);

        fp2 = fopen("E.txt","r");
        for (k=0;k<O;k++)
        {
          for(l=0;l<P;l++)
          fscanf(fp2,"%lf",&bb[k][l]);
        }
        fclose(fp2);

        for(k=0;k<O;k++)
        {
          cc[k][0]=bb[k][0];
          cc[k][1]=bb[k][1];
          cc[k][2]=bb[k][2];
          cc[k][3]=bb[k][3];
```

```
}

for(k=0;k<O;k++)
{
    for(i=0;i<M;i++)
    {
      if(aa[i][0]==bb[k][1])
      {
        cc[k][4]=aa[i][1];
        cc[k][5]=aa[i][2];
      }
    }
  }
    for(k=0;k<O;k++)
    {
for(i=0;i<M;i++)
{
    if(aa[i][0]==bb[k][2])
    {
      cc[k][6]=aa[i][1];
      cc[k][7]=aa[i][2];
    }
    }
}
for(k=0;k<O;k++)
{
  for(i=0;i<M;i++)
  {
    if(aa[i][0]==bb[k][3])
    {
    cc[k][8]=aa[i][1];
    cc[k][9]=aa[i][2];
    }
  }
}

fp3 = fopen("EN.txt","a");
for (k=0;k<O;k++)
{
```

```
        for(m=0;m<R;m++)
        {
          fprintf(fp1,"%lf ",cc[k][m]);
        }
      fprintf(fp3,"\n");
      }
      fclose(fp3);
}
```

四、对剖分形成的三角形生成内切圆,生成 PFC2D 软件识别的格式

```
//将有限元软件生成的文件转换成离散元软件可识别的格式
#include<stdio.h>
#include<string.h>
#include<math.h>
#define M   20486                          //输入三角形单元个数
#define N 13
#define O 4
#define PI 3.1415926
void main()

{
      int i,j;
      FILE *fp1,*fp2;
      static long double aa[M][N];

      fp1 = fopen("EN.txt","r");          //打开单元文件
      for (i=0;i<M;i++)
      {
          for(j=0;j<10;j++)
          fscanf(fp1,"%Lf",&aa[i][j]);
      }
      fclose(fp1);

      long double a,b,c,d;                 //计算三角形的圆心、半径
      for(i=0;i<M;i++)
{
    a=sqrt((aa[i][6]-aa[i][8])*(aa[i][6]-aa[i][8])+(aa[i][7]-aa[i][9])*(aa
[i][7]-aa[i][9]));
    b=sqrt((aa[i][4]-aa[i][8])*(aa[i][4]-aa[i][8])+(aa[i][5]-aa[i][9])*(aa
```

```
[i][5]－aa[i][9]));
    c=sqrt((aa[i][4]－aa[i][6])*(aa[i][4]－aa[i][6])+(aa[i][5]－aa[i][7])*(aa
[i][5]－aa[i][7]));
    d=(a+b+c)/2;
    aa[i][10]=sqrt((d－a)*(d－b)*(d－c)/d);
    aa[i][11]=(a*aa[i][4]+b*aa[i][6]+c*aa[i][8])/(a+b+c);
    aa[i][12]=(a*aa[i][5]+b*aa[i][7]+c*aa[i][9])/(a+b+c);
    }

        static long double bb[M][O];            //存储三角形的圆心、半径
    for(i=0;i<M;i++)
    {
        bb[i][0]=aa[i][0];
        bb[i][1]=aa[i][11];
        bb[i][2]=aa[i][12];
        bb[i][3]=aa[i][10];
    }

    fp2 = fopen("28.txt","a");                  //存储离散元文件
    for (i=0;i<M;i++)
    {
        fprintf(fp2,"ball");
        fprintf(fp2," ");
        fprintf(fp2,"id=");
        fprintf(fp2,"%d",i+1);
        fprintf(fp2," ");
        fprintf(fp2,"x=");
        fprintf(fp2,"%Lf",bb[i][1]);
        fprintf(fp2," ");
        fprintf(fp2,"y=");
        fprintf(fp2,"%Lf",bb[i][2]);
        fprintf(fp2," ");
        fprintf(fp2,"rad=");
        fprintf(fp2,"%Lf",bb[i][3]);
        fprintf(fp2," ");
        fprintf(fp2,"\n");
    }
    //生成离散元软件可识别的格式
    fprintf(fp2,"change c_index 0 range id=1,13662");
```

```
fprintf(fp2,"\n");
fprintf(fp2,"change c_index 1 range id=13663,36551");
fprintf(fp2,"\n");
fprintf(fp2,"plot create the_view");
fprintf(fp2,"\n");
fprintf(fp2,"plot add ball red blue");
fprintf(fp2,"\n");
fprintf(fp2,"plot show");
fprintf(fp2,"\n");
fclose(fp2);
}
```

第七章　数据的读入与写出

第一节　数据的读入

一、数据读入策略

VREAD命令可以读入数据文件中的数据并用来充填已定义的数组参数,数据文件必须是ASCⅡ格式文件,并按指定下标将读入的数据赋给数组参数。读取数据文件时,必须在*VREAD命令行的下一行指定数据读入格式说明,数据读入流程如图7-1所示。

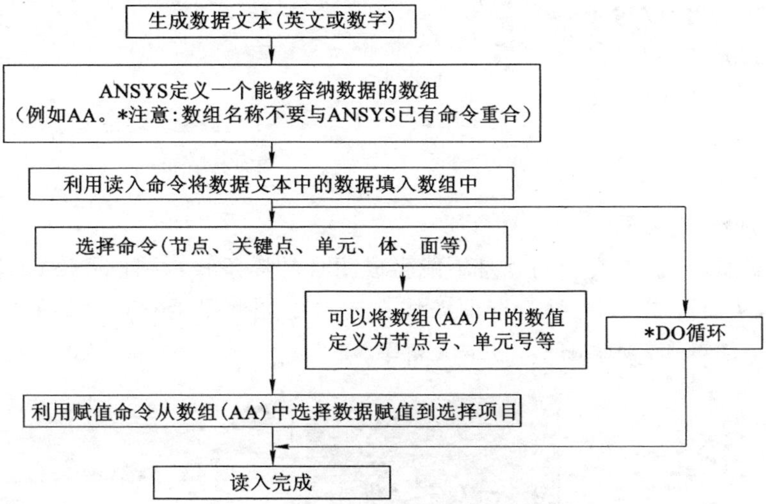
生成数据文本(英文或数字)
ANSYS定义一个能够容纳数据的数组
(例如AA。*注意:数组名称不要与ANSYS已有命令重合)
利用读入命令将数据文本中的数据填入数组中
选择命令(节点、关键点、单元、体、面等)
可以将数组(AA)中的数值
定义为节点号、单元号等
*DO循环
利用赋值命令从数组(AA)中选择数据赋值到选择项目
读入完成

图7-1　数据读入流程

二、读入范例:混合料二维模型快速生成

以二维沥青混凝土快速生成为例(图7-2),快速生成模型需要解决以下两点:

(1) 二维颗粒模型。

(2) 颗粒中心(颗粒长轴中心点)的坐标位置,颗粒的坐标位置便需要利用数据的读入功能。

① 这里直接利用了已有CT图片提取的并长轴归一后的二维颗粒边界轮廓点。

② 连接边界点生成面,有以下两种方式:

方案A:直接由点生成面

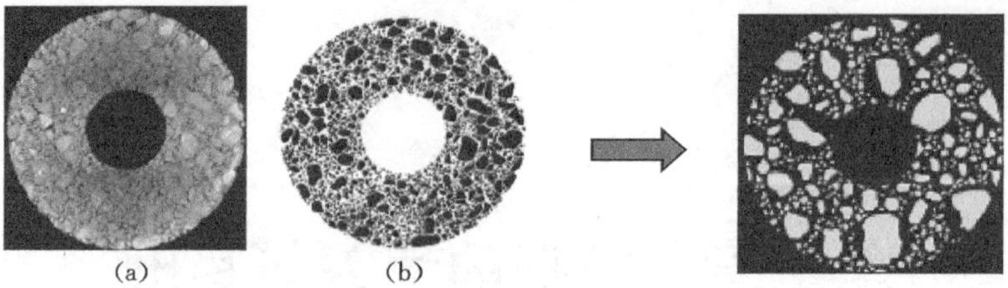

图 7-2　混合料二维模型快速生成

(a) CT 扫描图像；(b) 二值化图像

我们从已有的颗粒库中随机取一个，例如：

```
k,,0.8582494,0.2275855,0
k,,0.8596615,0.2670082,0
k,,0.8585166,0.3041027,0
……
k,,0.8963361,0.1131726,0
k,,0.8587455,0.1516792,0
k,,0.8586692,0.1899186,0
```

一共有 161 个点，我们把它写成 APDL 语言形式，采用默认序号，这里输入下面的命令便可以生成一个面

FLST,2,161,3,ORDE,2　！第一个 2 代表所选择实体对应操作命令的第 1 个参数，161 代表颗粒个数，3 代表关键点类型，ORDE 代表按照循序选择，最后一个 2 表示连续选点

FITEM,2,1

FITEM,2,－161　　　！选择关键点 1～161

A,P51X　　　　　　！生成面

方案 B：先成线再成面

样条线生成面，一个重要的问题是不能生成闭合的样条线，并且 ANSYS 软件也不支持单条线生成面，从而造成一个问题，即两条线在连接处如何平滑接触，如图 7-3 所示。目前采用的方法是手动操作：观察图形，自定义斜率。

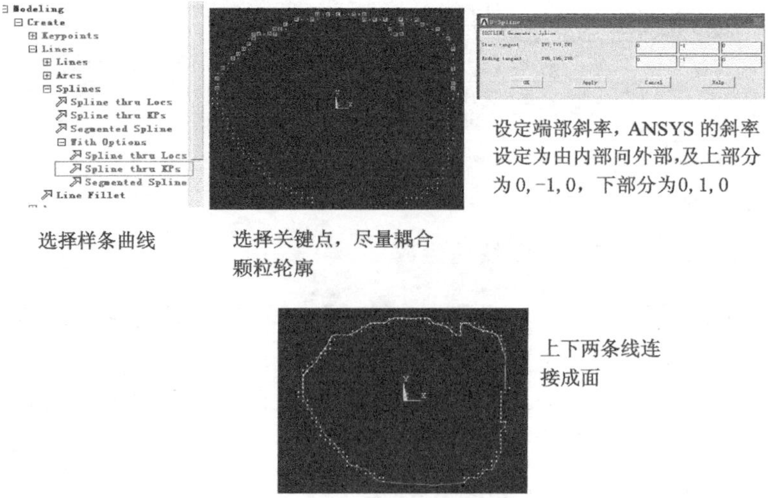

图 7-3　由样条曲线建面

1. 关于张朝象颗粒的说明

我们用图形处理软件对256色的灰度图进行颗粒轮廓的提取时，会得到很多的点，将这些点都导入ANSYS软件，很没有必要且不正确。张朝象用修正的快速傅里叶积分的方法对提取的点进行拟合，就是通过在所有的提取点中，抽取一些点作为取样点，然后对取样点进行傅里叶积分拟合，观察拟合的曲线与颗粒轮廓是否重合，如果重合就将这些点作为轮廓坐标。

完成上述操作之后，通过长短轴判定，利用长轴的大小将所有的坐标缩小，进行归一化处理。

因此，主要工作就是从大量的数据中提取一小部分数据，这一小部分数据可以通过既定傅里叶积分方程，生成一个与颗粒重合的轮廓线。

2. ANSYS软件的应用

ANSYS软件建模中是没有傅里叶快速积分方法的，但是有样条曲线法。抛开ANSYS软件，傅里叶快速积分与样条曲线并没有区别，只不过一个积分区间是(0,1)，而傅里叶快速积分是(0,2π)，两种不同的积分方法而已，拟合的最后结果都是一个只保留首尾两个点的曲线。所以在操作过程中利用张朝象提取后的坐标点进行样条曲线的操作不是十分正确，因为这些点只有通过一个既定的傅里叶积分方程才能与颗粒轮廓重合，在提取点基础上的样条曲线操作，得到的颗粒轮廓已经与原来的颗粒不一致了。

三、颗粒平面位置的确定

利用圆形堆积，生成一个圆堆积模型，提取圆心坐标及半径，生成文件保存，然后用不规则的颗粒置换进入圆中，进行相应的缩放和旋转操作。

方案A：圆堆积模型采用的是PFC3D软件，生成坐标及半径文件。

方案B：利用ANSYS软件的读入功能，直接读取上述坐标及半径文件。

四、“快速生成”读入命令流解读

```
*SET,N,155                    ! 155为填入模型的颗粒个数
*DIM,AA,,155,3                ! 定义一个155行3列的数组AA
18184663*VREAD,AA,BYIN,TXT,,JIK,3,155   ! BYIN为数据文件名称，TXT
                                          为数据文件格
(3F40.13)                     ! 式，JIK数据读入方式，3F40.13为数据格式
*STATUS,AA                    ! 显示数组AA
/PREP7                        ! 进入前处理
*DO,I,1,N,1                   ! 循环155次
J=NINT(RAND(1,99))            ! 1到99取随机数并取整数
ASEL,S,,,J                    ! 选择指定编号颗粒
ARSCALE,J,,,AA(I,3),AA(I,3),1,,0,0   ! 对选取的颗粒进行X,Y缩放
M=99+I                        ! 新的颗粒其编号为99+I
AGEN,,M,,,AA(I,1),AA(I,2),,,,1      ! 移动新生成的颗粒到指定的位置
WPOFF,AA(I,1),AA(I,2)         ! 移动局部坐标至颗粒中心位置
```

```
CSWPLA,11,1,1,1,             ! 建立一个以颗粒中心为原点的柱坐标
DD=NINT(RAND(1,360))         ! 随机选取一个旋转角度
AGEN, ,M, , , ,DD, , , ,1    ! 旋转颗粒
CSDELE,11, ,1,               ! 删除柱坐标
WPAVE,0,0,0                  ! 将局部坐标还原笛卡尔原点
*ENDDO                       ! 循环结束
```

五、二维沥青混凝土颗粒快速生成所需模块

①“不规则颗粒库”,整理好的文本文件及 db 文件,可直接调用

②“圆心坐标及半径文件”,利用 PFC3D 按照级配要求生成。

③“读入命令”,需要根据具体情况修改一些参数。

读入命令是不能通过命令输入窗口输入的,只能以文本形式存在。二维沥青混凝土快速生成效果图如图 7-4 所示。

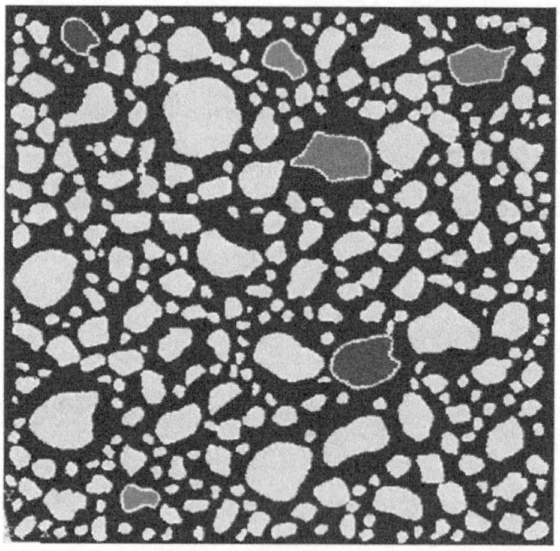

图 7-4 二维沥青混凝土快速生成效果图

第二节 数据的写出

一、数据的写出策略

数据的写出流程如图 7-5 所示。

二、数据的写出范例

将节点、单元等的应力值、坐标、属性写入数组(图 7-6)方便后面计算。

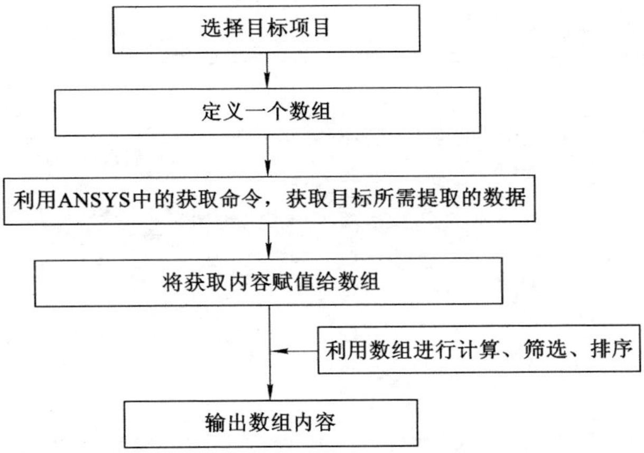
选择目标项目
定义一个数组
利用ANSYS中的获取命令，获取目标所需提取的数据
将获取内容赋值给数组
利用数组进行计算、筛选、排序
输出数组内容

图 7-5　数据写出流程

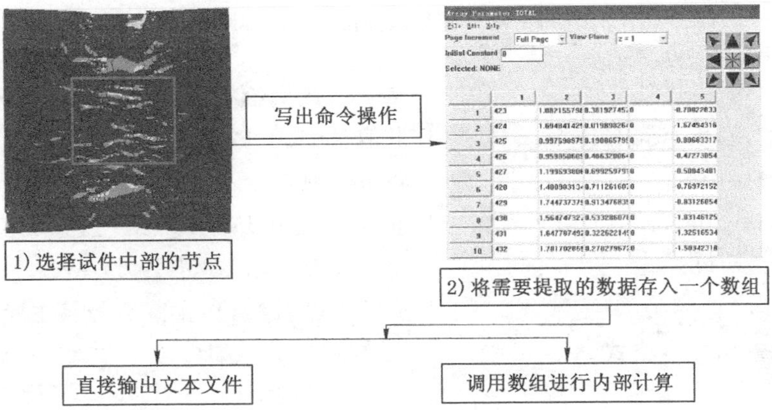
写出命令操作
1) 选择试件中部的节点
2) 将需要提取的数据存入一个数组
直接输出文本文件
调用数组进行内部计算

图 7-6　将节点及单元信息写入数组

(1) 数据写出命令流及解读。

```
*get,nns,node,,count              ! 获取所选节点的数目赋值为 nns
*get,first,node,,num,min          ! 获取所选节点中序号最小的节点并赋值为 first
aa=first                          ! 最小的序号赋值给 aa
*dim,total,,nns,5                 ! 定义一个 nns 行 5 列的数组
*do,i,1,nns                       ! 一个 nns 次的循环
total(I,1)=aa                     ! 将 aa 赋值给数组的第 i 行第 1 列
aa=ndnext(aa)                     ! 将下一个较小的序号重新赋值给 aa
*enddo                            ! 循环完成,即完成将所有节点按序号从小到大重新排
                                    列(图 7-7)
*do,ii,1,nns                      ! 一个 nns 次的循环
*get,ns1,node,total(II,1),s,int      ! 获取 total(II,1)号节点等效应力值并赋值为 ns1
total(II,2)=NS1                      ! 将 ns1 赋值给 total(II,2)
*get,ns2,node,total(II,1),s,1        ! 获取 total(II,1)号节点第一主应力值并赋值为 ns2
```

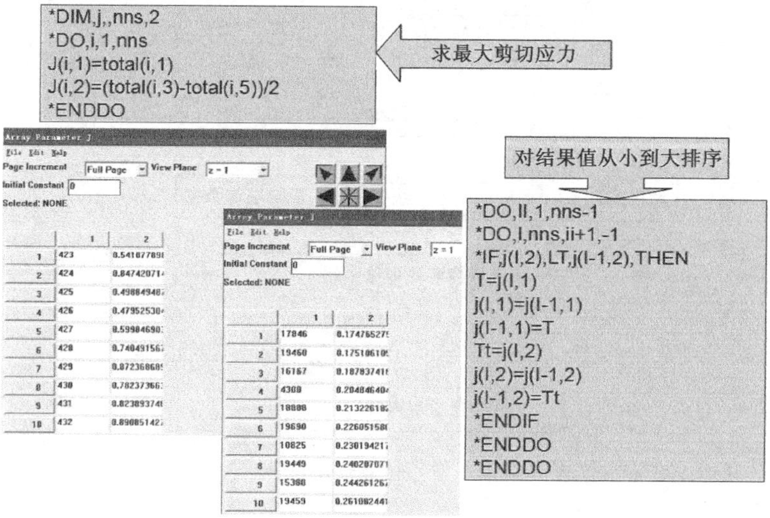
*DIM,j,,nns,2
*DO,i,1,nns
J(i,1)=total(i,1)
J(i,2)=(total(i,3)-total(i,5))/2
*ENDDO
求最大剪切应力
对结果值从小到大排序
*DO,II,1,nns-1
*DO,I,nns,ii+1,-1
*IF,j(I,2),LT,j(I-1,2),THEN
T=j(I,1)
j(I,1)=j(I-1,1)
j(I-1,1)=T
Tt=j(I,2)
j(I,2)=j(I-1,2)
j(I-1,2)=Tt
*ENDIF
*ENDDO
*ENDDO

图 7-7 将数组内信息整理排序

```
total(II,3)=NS2                          ! 将 ns2 赋值给 total(II,3)
*get,ns3,node,total(II,1),s,2            ! 获取 total(II,1)号节点第二主应力值并赋值为 ns3
total(II,4)=NS3                          ! 将 ns3 赋值给 total(II,4)
*get,ns4,node,total(II,1),s,3            ! 获取 total(II,1)号节点第三主应力值并赋值为 ns4
total(II,5)=NS4                          ! 将 ns4 赋值给 total(II,5)
*enddo                                   ! 完成一个数组,包含节点号及主应力的数组
```

(2) 设置输出文本格式。

```
/POST1
*cfopen,xcw,txt
*vwrite
(5X,' NODE',10X,'INT',10X,'S1',10X,'S2',10X,'S3')
*VWRITE,TOTAL(1,1),TOTAL(1,2),TOTAL(1,3),TOTAL(1,4),TOTAL(1,5)
(F8.1,5X,E13.5,5X,E13.5,5X,E13.5,5X,E13.5)
FINISH
```

(3) 另外,在 ANSYS 软件中进行内部计算时会发现很费时,有必要利用 C++编程计算,代码及注释如下:

```
#include <stdio.h>                  ! 语言程序头文件
#include<math.h>
#define M 116            ! 定义 M 值 (即 ANSYS 软件输出结果中节点个数)
#define N 8              ! 定义 N 值 (输出项目总数:S1、S2、S3 等等,以及预留的空栏)
#define PI 3.14159265            ! 定义 PI 值
void main()                      ! 主函数
{
```

```
    double   c=0.15,b=45;        ! 双精度
    double   k,a,i1,j1;          ! 双精度
    static double aa[M][N];      ! 静态数组(数组格式不变)
    int i,j;                     ! 整数型
    FILE * fp;                   ! 指针文件
    fp = fopen("A.txt","r");  ! 打开 txt 文本数据"A.txt","r"表示 read
    for (i=0;i<M;i++)
    {
        for(j=0;j<7;j++)
        fscanf(fp,"%lf",&aa[i][j]);    ! 读取文件,长浮点型,写入数组
        //printf("%lf\n",aa[i][j]);
    }
    fclose(fp);! 关闭文件
    for(i=0;i<M;i++)
    {
      aa[i][4]=-1 * aa[i][4];
      aa[i][5]=-1 * aa[i][5];
      aa[i][6]=-1 * aa[i][6];
  }

a=sin(b * PI/180)/(sqrt(3) * sqrt(3+(sin(b * PI/180)) * (sin(b * PI/180))));
k=sqrt(3) * c * cos(b * PI/180)/sqrt(3+(sin(b * PI/180)) * (sin(b * PI/180)));

    for(i=0;i<M;i++)
    {
      i1=(aa[i][4]+aa[i][5]+aa[i][6]);
      j1=sqrt(((aa[i][4]-aa[i][5]) * (aa[i][4]-aa[i][5])+(aa[i][4]-aa[i]
      [6]) * (aa[i][4]-aa[i][6])+(aa[i][5]-aa[i][6]) * (aa[i][5]-aa[i]
      [6]))/6.);
      aa[i][7]=j1/(a * i1+k);              ! 将计算结果填入预留的空栏中

      //printf("%f\n",aa[i][7]);
      //冒泡排序

      double tmp;
      int q;
      for (i=0;i<M-1;i++)
      {
      for (j=0;j<M-i-1;j++)
```

```
        {
          if (aa[j][7]<aa[j+1][7])
          {
            for(q=0;q<=N-1;q++)
            {
              tmp=aa[j][q];
              aa[j][q]=aa[j+1][q];
              aa[j+1][q]=tmp;
            }
          }
        }
    //输出 txt 数据
    fp = fopen("paixu.txt","a");
    for (i=0;i<M;i++)
    {
      for(j=0;j<N;j++)
      {
          fprintf(fp,"%lf ",aa[i][j]);
//        printf("%lf\n",aa[i][j]);
//        fprintf(fp,"\n");
      }
      fprintf(fp,"\n");                    ! 换行
  }
  fclose(fp);
}
```

数据输出结果(例)如图 7-8 所示。

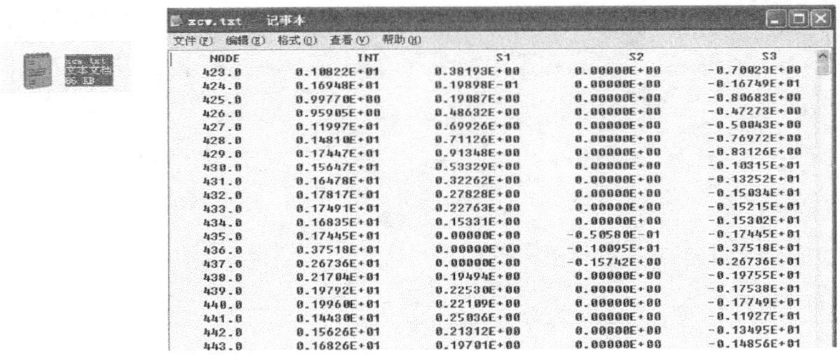

NODE	INT	S1	S2	S3
423.0	0.10822E+01	0.38193E+00	0.00000E+00	-0.70023E+00
424.0	0.16948E+01	0.19898E-01	0.00000E+00	-0.16749E+01
425.0	0.99770E+00	0.19087E+00	0.00000E+00	-0.80683E+00
426.0	0.95905E+00	0.48632E+00	0.00000E+00	-0.47273E+00
427.0	0.11997E+01	0.69926E+00	0.00000E+00	-0.50043E+00
428.0	0.14810E+01	0.71126E+00	0.00000E+00	-0.76972E+00
429.0	0.17447E+01	0.91348E+00	0.00000E+00	-0.83126E+00
430.0	0.15647E+01	0.53329E+00	0.00000E+00	-0.10315E+01
431.0	0.16478E+01	0.32262E+00	0.00000E+00	-0.13252E+01
432.0	0.17817E+01	0.27828E+00	0.00000E+00	-0.15034E+01
433.0	0.17491E+01	0.22763E+00	0.00000E+00	-0.15215E+01
434.0	0.16835E+01	0.15331E+00	0.00000E+00	-0.15302E+01
435.0	0.17445E+01	0.00000E+00	-0.50580E-01	-0.17445E+01
436.0	0.37518E+01	0.00000E+00	-0.10095E+01	-0.37518E+01
437.0	0.26736E+01	0.00000E+00	-0.15742E+00	-0.26736E+01
438.0	0.21704E+01	0.19494E+00	0.00000E+00	-0.19755E+01
439.0	0.19792E+01	0.22530E+00	0.00000E+00	-0.17538E+01
440.0	0.19960E+01	0.22109E+00	0.00000E+00	-0.17749E+01
441.0	0.14430E+01	0.25036E+00	0.00000E+00	-0.11927E+01
442.0	0.15626E+01	0.21312E+00	0.00000E+00	-0.13495E+01
443.0	0.16826E+01	0.19701E+00	0.00000E+00	-0.14856E+01

图 7-8　数据输出结果

参考文献

[1] 卞正宁,杜世森,罗建辉.弹性力学问题的一阶有限元解法[J].计算力学学报,2015,32(4):544-547.

[2] 陈韵骋.线性弹性力学问题的间断有限元方法研究[D].上海:上海交通大学,2011.

[3] 程朋根,龚健雅.地勘工程三维空间数据模型及其数据结构设计[J].测绘学报,2001,30(1):74-81.

[4] 程渭民.弹性力学平面问题的几种解法[J].南方冶金学院学报,2005,26(6):60-63,71.

[5] 程选生,张少波.弹性力学与有限元法教程[M].北京:中国计量出版社,2008.

[6] 杜安平.有限元法:原理、建模及应用[M].第2版.北京:国防工业出版社,2011.

[7] 高红,郑颖人,郑璐石.岩土材料弹性力学模型与计算方法[J].岩石力学与工程学报,2008,27(9):1845-1851.

[8] 何满潮,王金安,黄润秋.工程地质数值法[M].北京:科学出版社,2006.

[9] 何满潮.工程地质力学的挑战与未来[J].工程地质学报,2014,22(4):543-556.

[10] 李建华,边馥苓.工程地质三维空间建模技术及其应用研究[J].武汉大学学报(信息科学版),2003,28(1):25-30.

[11] 李立峰,王连华.ANSYS土木工程实例详解[M].北京:人民邮电出版社,2015.

[12] 李世海,李晓,刘晓宇.工程地质力学及其应用中的若干问题[J].岩石力学与工程学报,2006,25(6):1125-1140.

[13] 李世芸,肖正明.弹性力学及有限元[M].北京:高等教育出版社,2016.

[14] 李顺新,匡翠芸.基于三次样条插值计算长江三峡水位与库容关系函数[J].软件导刊,2009,8(3):45-46.

[15] 李围.隧道及地下工程ANSYS实例分析[M].北京:中国水利水电出版社,2008.

[16] 梁璐璐.岩土材料虚拟仿真模型的自动生成与应用[D].西安:西安科技大学,2011.

[17] 梁师俊.基于虚拟钻孔的工程地质三维剖切的实现[J].地理与地理信息科学,2010,26(1):11-14,2.

[18] 刘春梅,肖映雄,舒适,等.弹性力学问题自适应有限元及其局部多重网格法[J].工程力学,2012,29(9):60-67,91.

[19] 陆明万,张雄,葛东云.工程弹性力学与有限元法[M].北京:清华大学出版社,2005.

[20] 路见可.平面弹性复变方法[M].武汉:武汉大学出版社,2005.

[21] 罗建辉,刘光栋.弹性力学的一种正交关系[J].力学学报,2003,35(4):489-492.

[22] 罗建辉.弹性力学求解体系研究[D].长沙:湖南大学,2002.

[23] 罗勇.土工问题的颗粒流数值模拟及应用研究[D].杭州:浙江大学,2007.

[24] 罗振东,刘儒勋.弹性力学问题的混合有限元分析[J].中国科学技术大学学报,1996,

26(3):348-352.
[25] 石振明,孔宪立. 工程地质学[M]. 第2版. 北京:中国建筑工业出版社,2011.
[26] 史治宇. 变分原理及有限元[M]. 北京:国防工业出版社,2016.
[27] 孙广忠. 地质工程理论与实践[M]. 北京:地震出版社,1996.
[28] 唐大雄,刘佑荣,张文殊,等. 工程岩土学[M]. 第二版. 北京:地质出版社,1999.
[29] 唐辉明,晏鄂川,胡新丽. 工程地质数值模拟的理论与方法[M]. 武汉:中国地质大学出版社,2001.
[30] 王省哲,怡晓玲. 弹性力学问题复变函数解法的应用与发展[J]. 力学与实践,2008,30(6):110-113.
[31] 王文正,夏永旭,胡庆安. 公路双连拱隧道开挖方法的数值模拟研究[J]. 中外公路,2011,31(5):193-196.
[32] 王兆清,冯伟. 求解弹性力学问题的有理单元法[J]. 计算力学学报,2006,23(5):611-616.
[33] 伍法权,祁生文. 工程地质:科学、艺术和挑战——从2014年全国工程地质年会看工程地质学科发展[J]. 工程地质学报,2015,23(1):1-6.
[34] 伍法权. 谈工程地质的学科价值与学科发展[J]. 工程地质学报,2009,17(2):175-179.
[35] 徐芝纶. 弹性力学简明教程[M]. 北京:高等教育出版社,1990.
[36] 曾攀. 有限元分析及应用[M]. 北京:清华大学出版社,2008.
[37] 曾艳华,王英学,王明年. 地下结构ANSYS有限元分析[M]. 成都:西南交通大学出版社,2008.
[38] 张强勇,李术才,焦玉勇. 岩体数值分析方法与地质力学模型试验原理及工程应用[M]. 北京:中国水利水电出版社,2005.
[39] 张咸恭,王思敬,李智毅. 工程地质学概论[M]. 北京:地震出版社,2005.
[40] 张咸恭,王思敬,张倬元. 中国工程地质学[M]. 北京:科学出版社,2000.
[41] 赵姝玮. 弹性力学随机分析与可靠度分析样条虚边界元法研究[D]. 广州:华南理工大学,2012.
[42] 赵树德,廖红建,徐林荣. 高等工程地质学[M]. 北京:机械工业出版社,2005.
[43] ATANACKOVIC T M, GURAN A. Theory of Elasticity for Scientists and Engineers [M]. Swiss: Birkhäuser, 2000.
[44] LI XIAO-JUN, ZHAO YANG, YANG SHUO, et al. Quantification of asphalt concrete aggregate shape with fourier analysis[J]. Advanced Materials Research, 2013 (664):481-484.
[45] LOGAN D L. 有限元应用与工程实践系列:有限元方法基础教程(国际单位制版)(A First Course in the Finite Element Method, SI Version, Fifth Edition) [M]. 第五版. 张荣华,王蓝婧,李继荣,等,译. 北京:电子工业出版社,2014.
[46] TIMOSHENKO S P, GOODIER J N. Theory of Elasticity[M]. Beijing: Tsinghua University Press, 2003.